地域と業界に共感を生み、
大きなムーブメントが起こる！

〝ひと〟から生まれるものづくり

島田工業株式会社
代表取締役社長 島田 渉 著

プレジデント社

はじめに

私はアニメ『鬼滅の刃』に登場する、煉獄杏寿郎のセリフが大好きです。「胸を張って生きろ」「心を燃やせ」という言葉が、私の胸に刺さりました。どうして胸に刺さったのか、考えてみたんですが、自分の仕事に対する向き合い方と重なったからかもしれません。

私は島田工業という会社で、2代目の社長をしています。島田工業は群馬県伊勢崎市にある、従業員143名の中小企業です。精密な板金加工とエアコンなどの組み立てを、主な事業にしています。今でこそ企業のトップに立ち、経営者としての日々を送っていますが、入社したときは「製造業」が嫌で、真面目に仕事をしていませんでした。

なぜなら、仕事がつまらなかったんですよ。当時、私は24歳。会社の売上は好調でしたが、業務内容は下請けそのもので、社内が軍隊調だったこともよく思っていませんでした。そもそも高校時代から遊んでばかりで、附属高校にもかかわらず、大学にも行けないような人間です。専門学校に入ったものの、合コンとアルバイトの毎日でしたね。

とはいっても、さすがに社内でぼーっとしているわけにもいかない。私はともかく仕事を楽しくしたいと考えて、自分ならではの技術を磨きました。ただ、気に入らない仕事はやらないという主義で、他社と比較するために見積もりを出してほしいという依頼があっても、「他社と同じような仕事をするつもりはないので、見積もりするだけ時間のムダ」と断る始末。どうにもならない不良社員でした。

そのときは会社に大した設備もなく、他社と同じような仕事をいかに低価格で受けるかの勝負になっていて、いくら働いても儲からない。ごく最近まで、製造業ってずっと「安いことが正義」だったんです。でも、それではおもしろくないし、未来がない。私は楽しく働くために、創業者である父とぶつかり合いながら、会社を変革してきました。

最先端の設備をそろえて、通常板金から精密板金にシフトし、島田工業だけができることを追求したのです。精密板金になると求められる精度が0・1ミリ単位にもなりますから、簡単なことではありません。今では自動化・ロボット化もかなり進み、群馬県下ではもっとも進んだ工場になっていると自負しています。そんな努力が実を結び、今の私たちにとっては「安定的に良質な製品とサービスを提供できることが正義」です。

その分、従業員には〝ひと〟ならではの価値を求めるようになりました。「こんなことをやりたい」「新しいビジネスモデルを思いついたからやらせてくれ」という声を期待しているわけです。そうしたアイデアを事業へと育て、分社化して1人でも多く社長になってもらうことが、私の夢でもあります。

私たちは「ものづくりを真剣に楽しむ会社」として、難しい依頼でも世の中に役立つものであれば、採算抜きに取り組んできました。業務用食器洗浄機、光触媒脱臭装置、ストレッチマシン、農薬散布用ドローン、コロナワクチンを保管する超低温フリーザーなど、なんでもチャレンジしています。だって、そのほうが製造現場もみんな、楽しいでしょう。

自社ブランド製品も手がけ、ＬＥＤライト付き天井設置型空気清浄機や新型コロナウイルスにも有効なスーパーアルカリイオン水の生成装置、ゴルフボールを立ったまま拾えるアイテムなど、ユニークな商品もあります。ひょんなことから、２０２２年12月には脱毛サロンもオープンし、チェーン展開を考えているところです。同年12月には船井総合研究所主催「ものづくり経営研究会２０２２年アワード」で、「ブランディング大賞」をいただきました。

開発設計や試作品づくりの依頼では、今まで経験したこともない内容でも、ともかく受けちゃう。やっているうちに従業員たちものめり込み、だんだん技術力が上がって、やる気もみなぎってくるんです。

そんな仕事を楽しむ雰囲気にひかれて、島田工業には「胸を張って、心を燃やせる〝ひと〟」が集まってきます。興味を持っていただけたら、ぜひ島田工業をお訪ねください。

島田工業株式会社 代表取締役社長 島田 渉

Chapter 1 波瀾万丈！オンリーワンへの軌跡をたどる

Chapter 4 数多くの「共感」とともに、輝く未来を創造する

Chapter 1

波瀾万丈！オンリーワンへの軌跡をたどる

創業～「島田工業所」時代。広がる仕事の幅と、難しさ

01

ろくに勉強もせず、遊んでばかりだった私が、どうして「胸を張って、心を燃やせる〝ひと〟」になったのか。人生を振り返ってみましょう。

1973年、私が生まれた年であり、島田工業所（島田工業の前身）が設立された年でもあります。島田工業は、私と一緒に育ってきたわけですね。

創業者である父は非常に忙しく、私の学校行事などを見にくることは、ほとんどありませんでした。たまにきたときには、異様なパワーで目立っていましたね。私は当時からヤンチャな子どもだったので、よく尻をひっぱたかれたものです。褒められることは、めったになかったと記憶しています。ただ、中学3年生のとき、バレーボールをやっていた私は、群馬県選抜として代表選手に選ばれました。すると、父が珍しく喜んで、驚いたことに車で集合場所まで送っ

てくれたのです。道中でいきなり、「いやあ、お前は大したものだよ」と褒められて、とてもうれしかったことを覚えています。このオヤジも、私のことをちゃんと見てくれているんだなと思いました。

父は10代の頃、定時制高校に通いながら、自動車整備士の資格を取って、ゆくゆくは整備工場を開こうと考えていたようです。その開業資金を稼ぐためにトラックを手に入れて、とある会社のスペースを借りて、物流の仕事を始めました。いわゆるチャーター便というやつで、毎日、群馬と東京を3往復して、かなり稼いだそうです。

当時21歳で、すでに母と結婚していました。朝早く家を出て、夜中に帰ってくるハードな生活を続けること1カ月。最初の月給は50万円。当時の50万円ですから、現在の500万円くらいでしょう。渡された母は腰を抜かして、何を勘違いしたのか、「こんな大金、返してきて！」と父に言ったそうです。

トラック運転手として3年間働き、24歳で島田工業所の立ち上げに至ります。自動車整備の経験も活かし、車のボディー製作など、頼まれた仕事を請け負っていました。その中で、整備の仕事よりも、ものづくりに興味を持ったみたいです。その後、実家に小さな工場を建てて、大手電機メーカーからエアコンの組み立てを受注するようになりました。物流の仕事でスペースを借りていた会社の方が、大手電機メーカーに島田工業所を紹介してくれたようです。

ともかく、父はパワフルな人なので、1日で100台の組み立てをやってくれと頼まれたのに、800台つくってお客様を驚かせたとのこと。たぶん、寝ずにやってしまったのでしょう。働けば働いた分だけ儲かった時代ですから、おもしろくて仕方なかったんだと思います。

最新機器を導入し、プランクトンより小さな世界へ

そんな父の仕事ぶりで売上は順調に伸び、数年後からは、どんどん工場を大きくしていきました。その頃から組み立てに加えて、板金やプレス加工なども始め、現在の島田工業へと社名を変更。大手電機メーカーからの仕事を中心

に、仕事の幅を広げていきました。医療や建設、交通といった、今までとは違う業界からの依頼も受注するようになります。早くから優秀な機械を導入して、設計から加工まで、〝ものづくり〟に必要なことは、すべて自分たちでできるようにしました。こうした体制を長く続けてきたことが、島田工業の技術的なベースになっています。

２０１１年に私が社長となってからは、レーザー加工機などを導入し、精密板金へと徐々に移行していきました。通常の板金加工では、求める精度がプラスマイナス０・５ミリぐらいですが、精密板金は０・１～０・２ミリくらい。プランクトンよりも小さな世界になるので、加工の難易度が格段に違ってきます。もちろん、従業員からは反発もあって、「こんなのはできません」とも言われました。ただ、私は島田工業のレベルなら、機械や道具を用意すればなんとかなると確信していたのです。

そこで、従業員に直接聞いて、必要なツールをそろえていきました。わかりやすく言うと、家庭用の包丁から、プロの板前さんが使う包丁に変えるという感じです。そうしたら刺身がおいしくなるでしょう。

しかし、予想とは違って、なかなか使いこなせない。2年くらい経った頃に、さすがに〝てこ入れ〟が必要だとわかりました。毎週月曜日の朝、うまくいっていない部署を訪ねて、問題点を話し合う。そのたびに宿題を出して、改善を繰り返していると、いつの間にかその部署が飛び抜けて優れた成績を上げるようになったのです。技術者たちの目も、いきいきと変わってきました。

それから、板金工場内を順番に回るようにしたんです。それぞれの部署で課題や取り組みを報告してもらい、細かくアドバイスをするうちに、工場全体が活気づいてきました。今では別工場にも、この取り組みを広げています。

私が必ず聞くようにしているのは、「何か困ったことはない？」「何か必要な物はない？」ということ。これを続けていると、従業員も気楽に意見を言えるようになり、数万円のものはすぐに買うようにしています。

上司に頼むと時間がかかりますが、社長ならその場で決められるので、従業員も喜んで、やる気アップにもつながりました。

LICENCE
NIMOTSU

02

突然、なぜか花屋になる。そして、島田工業に入社

ここまで、島田工業がどうやって現在の形になったかを書いてきましたが、もう少し、私自身のことについても触れておきましょう。

私は3人兄妹の次男坊で、もともと会社を継ぐ気などまったくありませんでした。兄も同様で、海外に興味があってアメリカへ留学。卒業後は外資系企業に入社し、今はコンサルタントとして働いています。兄は優秀ですから、父としては会社を継いでくれることを期待していたんでしょうが、結局、今に至るまで、島田工業とは一度も接点がありません。

私は兄と違って勉強嫌いで、高校のときから遊びとアルバイトばかり。成績は上の下くらいでしたが、大学には行かず、情報処理系の専門学校へ進みまし

た。しかし、何か資格を取るわけでもなく、卒業後は情報処理となんの関係もない建設機械のリース会社に、営業として入社します。

これは若い頃にありがちな反抗心で、実家のものづくりとはまったく縁のない業界に入ってやろうと思ったわけです。群馬県伊勢崎市ではそこそこ顔が広い父の、目が届かないところに行きたかったんですね。それと同時に、父と離れることで、純粋な自分の力を知ってみたいという気持ちもありました。

父はアイデアマンで、思いついたら、なんでもすぐに動き出す人です。リース会社に入って半年ほど経ち、たまたま父に会ったときのこと。

「しばらくだな。どうだ、仕事には慣れたか？」と聞くので、「営業は大変だけど、ようやく自分のお客様といえるような取引先も少しできたよ。まあまあ忙しくやってる」と答えました。

「おお、大したもんだな」と褒めてくれた父が、その次に放った一言に、私は驚愕しました。

「じゃあ、もういいか。花屋を始めるから会社を辞めてこい！」

何を言っているのか、さっぱり意味がわからず、「はあ？」という言葉が口をついて出たのを覚えています。どうやら、父は花屋を開くつもりで、手を貸せというわけです。なんと、すでに土地を借りて、テントで営業を始めているとのこと。とりあえず週末だけオープンし、仕入れた花を安くまとめ売りしているというのです。仕方なく手伝うことにしたら、だんだんと本格的にやらざるを得ない状況になり……。

「もう1年間は、リース会社を続けさせてくれ」とお願いし、半年後に退職して花屋を始めました。私が21歳のときです。

しかし、花屋をやるといっても、私にはなんの知識もありません。

父に「どうすりゃいいんだ？」と聞いたら、花き卸売市場の担当者名と電話番号だけ渡されて、「その人に会えばわかるから。あとは競りで出された花を見て、きれいだなと思ったら買ってみろ」という超いい加減な指示。
まあ、それで納得してしまう私も、同じくいい加減なもんです。

未知な世界への挑戦が、今の経営にもつながっている

そもそも父が花に興味を持ったのは、氷の中に花を閉じ込める技術を開発し、「夢氷」という名前で売り出そうとしたからでした。ウイスキーに入れて飲むとオシャレだと思ったようです。いかにもバブル期っぽいですね。

夢氷用の花を仕入れるために東京の大田市場に行ったところ、市場の偉い人が出てきて意気投合し、花屋を始める気になったと聞いています。まったくノリがいいというか、私はその被害者です。しかも、父のアイデアはいつもおもしろいのですが、困ったことに途中で飽きる。これでは、食べるために稲を植えたのに、お米をとらずに、そのまま放置しているようなものです。

それでも私は、だんだん花屋経営がおもしろくなり、自分で3店舗まで増やしました。最初に父がやっていた、まとめて安売りという商売はやめて、普通の花屋にしたんです。

それを見た父は怒って「なんでこんなに高く売っているんだ!」と怒鳴るので、「安売りでちゃんとした利益が出るわけないだろ!」と言い返して、だいぶケンカしましたね。結局、高品質の花を高く売るほうがいいとわかるまで、けっこうお金もかかりました。

でも、この花屋で得た経験が、今の経営にもつながる財産となっています。安いことが正義ではなく、良い品質のものを、それに見合った値段で売ることこそ正義だというわけです。

それに、わからないことばかりでしたから、なんでも調べて、聞いて、どんどん吸収しました。できることが増えていき、それが自信につながっていくのを実感したのも、このときですね。

あるとき、父は突然、花屋をやめる決断をします。経営に問題はなかったのですが、母が花屋を手伝っているうちに体調を崩してしまったからです。母は忍耐強く、頑張り屋なので、このまま続けているともっと健康を害してしまうということになり、父が閉店を決めました。

こうと決めたら、行動が速い父です。花屋を始めたときと同様に、やめるのも非常に速く、決断から2カ月で店をたたんでしまいました。

そうして、3年半ほど花屋の経営をしていた私は、仕方なく、1998年に島田工業へ入社したわけです。24歳でした。

その頃、会社の業績は好調でしたが、私が抱いた印象は悪かったですね。「はじめに」でも書いたように、社内は軍隊調で、仕事はつまらない。

そんなところにやってきた社長の息子というだけで、従業員からはバケモノ扱いされ、誰も寄りつかず、ただ座っているだけの日々でした。

03 暗黒の10年間。精密板金を推進するための大改革

社内でぼーっとしているのにも飽きてきた頃。

特に仕事もないので、会社の周りで草むしりをしていました。父に「何やってるんだ？」と聞かれると、「誰も何も教えてくれないし、ひでぇ会社だな！」などと悪態をつく始末。

でもそのうち、できることはないかと自分で考え始めて、ノートパソコンを使って帳票づくりを始めてみたんです。情報処理の勉強をしていましたから、私の得意分野でした。

まだ、なんでも手書きの時代ですから、今でいうＤＸ（デジタル・トランスフォーメーション）なんて言葉が流行り出すずっと前のこと。

受発注管理から見積もり作成、スケジュール管理などのシステムを少しずつつくっていくと、白い目で見ていた従業員が、いろいろと頼んでくるようになったんです。

そこで、従業員にもノートパソコンを用意して、社内でパソコン教室を開き、操作方法などを教えることにしました。

当時、私は生産管理部所属。ですが、工場にも入ってプレスや溶接まで、業務のすべてを経験しました。仕事は奪い取るものだと考えていましたから、「俺にやらせろ」といって、貪欲に取り組んでいたんです。社長の息子だと威張るつもりは、まったくありませんでした。

むしろ、実力で這い上がってやろうと思っていたわけです。

そのうち、現場からも頼られるようになり、役職も順当に係長、課長と上がっていき、部長を飛び越えて社長室長を経て、常務にまで昇進しました。

社長室長の辞令を受けたのは、休んだ従業員の代わりに溶接作業をしている最中です。突然呼び出されたので、デニムのエプロンに帽子をかぶって、防護マスクと手袋をつけたまま工場から本社に向かいました。

専務に「来月から、あなたは島田工業の取締役になります」と言われたのですが、こっちは仕事が忙しい。

「どうでもいいんで、現場戻っていいですか？」

という感じでした。

このときにはすでに、ものづくりという仕事に魅せられていたんでしょうね。

まだ、今ほど幅広く仕事をしていなかった時代です。それほど難しい業務ではないですが、ともかく量がある。

父の主な仕事は、その取引先の接待です。平日でも、先方の資材部長をゴルフに招待して、もてなす。

そんな様子を見ながら、私は絶対に接待なんかやりたくないと思っていたものです。

ただ、いくらお得意様といっても、あまりにも安い仕事でした。

その上、さらに30%のコストダウンをしろという指令がきて、さすがに父も堪忍袋の緒が切れたようです。逆に料金を30%アップするという交渉に行きました。しかし相手にされず、頭にきた父は年間8億円もの仕事をすべて返上したのです。

一見、破天荒なようですが、実は別の大口受注を見込んでいたため、そっちに乗り換えればなんとかなると思っていたんですね。これが2001年の話。

それが、島田工業「暗黒の10年間」につながる大きな判断ミスでした。

いくら安いとはいえ、長年お世話になってきた取引先につばを吐きかけるようなことをすると、罰が当たるんだと、私は身をもって知ることになります。

突如、消えてなくなった大口受注……

父が見込んでいた大口受注とは、通信機器の仕事でした。

その規模は2万台。要は、年間8億円の仕事をなくしても、問題ないと思えるくらい大きくて、今まで島田工業で受けてきた仕事より難易度は高いものの、時代の波が確実にやってくると思える案件です。父の決断も理解できます。

しかし、通信業界における勢力争いの結果、案件が急に縮小してしまったのです。2万台あるはずの注文が、１５００台程度で終わってしまいました。

私たちはすでに、2万台に対応するためにかなりのお金をかけて設備を整え、新たな働き手も雇い入れていましたが、すべてパーです。

その半年後には20人におよぶリストラをせざる得なくなり、毎晩、父は眠れなかったと、あとで聞きました。

ぽっかり空いた穴を埋めるため、一生懸命に仕事を集めましたが、傷が癒えることのないまま、２００８年にリーマンショックという世界的な大事件が起きます。アメリカの投資銀行が破綻したことで、多くの国が不況に見舞われました。

これによって日本でも、たくさんの会社が倒産したのです。

島田工業はなんとか生き残っていましたが、お得意様の仕事を返上した２００１年から、リーマンショックによる不況を経て、２０１１年までは、まさに「暗黒の10年間」でした。

その間、やってくる注文はほぼエアコンの組み立てだけ。創業当初から付き合いが続いている大手電機メーカーが、島田工業における売上の90％以上を占めていました。

もし、この仕事がなくなれば、もう倒産するしかありません。

話にならんっ!!
8億
ポイッ
フンッ
1500で…
2万台じゃないの!?
…
こっちで合ってる!?

04

2011年元旦、社長就任。会社の状況は悪化するばかり……

話は少し戻り、私が社長になったのは2011年1月1日です。前年の秋口から就任の準備を始め、新年の挨拶を兼ねて、何をみんなに伝えるべきか考えていました。そこで、経営理念をつくったのです。

「顧客」とは、お客様は勿論のこと、shimadaに勤める従業員・その家族・仕入先様、地域の方々等、shimadaと関わる全ての方々の事である。もちろん自分自身も「顧客」である。

「顧客満足」とはshimadaと関わる全ての方々と「共に歩み」、WIN・WINになれる関係を築く為の言葉である。

「顧客満足」を実践することで「本当の幸せ」が手に入ると信じ、日々生活（仕事）

をする。
「本当の幸せ」とは顧客と一体となりて、共に笑顔で成長できる、心の豊かさのある生活のことである。

創業社長は立ち上げのときから社長ですが、2代目は社長と呼ばれても、その実体はよくわからない。そこで、掲げた経営理念こそが私を社長にしてくれるのだと考え、以来、従業員と唱和しながら大切にしています。

私が社長になってすぐ、東日本大震災が起きました。工場への直接的な被害はありませんでしたが、物流が断たれ、部品の供給がストップ。私たちのお客様も生産が止まってしまい、受注案件が宙に浮いてしまいました。

1億円の売上を見込んで材料を仕入れていても、6000万円分しか動かず、資金繰りが苦しいという状態に、急速に陥っていったんです。

ガソリンの供給も止まって、自動車通勤の従業員は会社にこられない。

毎朝の挨拶が「ガソリンは足りているか？」になり、付き合いのあるスタンドから分けてもらったガソリンを、従業員に配っていました。

大震災に続いて私たちをパニックへと引きずり込んだのが、ほぼ唯一の取引先だった大手電機メーカーの買収です。２０１１年3月に、別の大手電機メーカーに吸収されて、子会社になってしまいました。

そのときは先が見えずに、泥沼に入り込んだような恐怖を感じたことを、今でも鮮明に覚えています。

先方の体制も方針も変わるかもしれない。果たして引き続き仕事があるのか、別の会社に移されてしまうのか、まったくわからなかったのです。

結局、仕事が全部なくなったわけではありませんが、３割程度減って、経営危機に陥りました。その頃は薄利多売の商売だったので、仕事量の減少はインパクトがでかい。このままいくと会社が終わる……。そう感じたのが、社長に就任して半年経った頃です。

財務コンサルタントを呼んで、あらためて会社の状況を見ると、ほとんど現金を持っていないこともわかりました。社長になる前から、もちろん会社の財務状況はチェックしていたのですが、ここまでひどいとは思っていません。なんとかなるだろうと甘く考えていました。現実は、まさに自転車操業で、いくら運転資金を借りてもすぐになくなってしまうのです。

倒産寸前！　3つの銀行と社運をかけた交渉

財務コンサルタントと相談し、この苦しい状況を乗り切る1つの打開策を打ち立てました。当然、代表取締役会長である父の了解も得なければなりません。ところが、いくら話をしようとしても、父は聞こうとしませんでした。

「お前はカネのことばかり計算している。そんなことをする暇があったら、営業回りして仕事を取ってこい！」と言うばかりで、いつもケンカです。

でも、設備も老朽化していて、新しい仕事など簡単に取れないことは父もわかっているはず。営業に行ったところで、仕事を取ってくるための武器になるものが何もないのですから。それに、このまま赤字を放置していたら致命傷になる。だから銀行と話をさせろと父に迫るのですが、「今まで俺が築いてきた銀行との関係を壊す気か」などと怒り出す始末で、てんで話になりません。

もちろんその間も、仕事をもらおうとあらゆるところに頭を下げてお願いしましたが、大した案件はありません。銀行からカネを借りては返してを繰り返すばかりで、父もさすがにまずいと思ったのでしょう。口説き始めて半年後、ようやく「お前の言っていることも一理あるかもしれないな」と折れました。当時、3つの銀行と取り引きをしていたので、私は父にこう言ったのです。

「それぞれの支店長を連れてきてほしい。会長は立ち会うだけでいいから、俺が直接、話をつける」

1週間後には各銀行の支店長3人と地銀、信用金庫、信用組合の支店長が全員、集まりました。人がいい父は、銀行に言われるまま、借りたカネを定期預金に積んでいました。返し終わるとまた借りて、定期預金にする。どんどん預金は貯まるけれど、手元の現金はまったく足りません。

そこで、私は支店長たちに「借りたカネは全額返すから、まずは貯まっている預金で相殺してくれ」と頼みました。すると銀行側が拒否しようとするのです。私は頭にきて、「いつまでも思い通りになると思うなよ！　会長と違って俺は甘くないぞ！」とタンカを切りました。

最終的にはこちらの提案を飲んでくれて、定期預金を一部解約、さらに返済期間を延ばすなどして、返済額をそれまでの40％程度に圧縮することに成功。

交渉の席にいた父は「待てよ、お前ちょっと言い過ぎだぞ」と心配し、母や妹からも「会社をつぶすつもり？」なんて言われて、こっちは死にものぐるいで戦っているのに、味方が1人もいないという、つらい状況でした。しかし、あの交渉を成功させていなければ、会社は1年ももたなかったでしょう。最初は銀行側に嫌われましたけれど、今ではとてもいい関係を築いています。

BANKER
FAMILY

05 メガソーラーへの進出を転機に、苦難を乗り越えた再生の道

こうして、なんとか借金は圧縮しましたが、売上が増えたわけではありません。例えるなら、ケガの傷口がふさがって「出血量」が減っただけで、血は足りていないわけです。新たに「輸血」をしなければならない。

そんな中、父が「メガソーラーをやる！」と言い出しました。大規模な太陽光発電ですね。もちろん、莫大な費用がかかる。ようやく借金地獄から脱したのに、またけっこうな借り入れをするというのであきれます。

でも、これが創業者という人種なんですね。借金ではなく投資だと思っているので、銀行が貸してくれるうちは大丈夫だという発想。大したものです。

実は父の友人に10キロワット程度の家庭用ソーラーを手がけた人がいました。掃除機10台を1時間動かすくらいの小規模なものですが、「1年やってみたら、

これだけ儲かった。あんたもやったほうがいいよ」と父に勧めたそう。父はこの友人のことを強く信じており、分析力もたしかだといいます。また、事業を膨らませるのが得意だった父は、10キロワットでそれだけ儲かるなら、100倍の大きさにすればどうなるかと計算をして、やろうと決めたようです。

そうなると、もう止まりません。

まずは太陽光発電の設備を、自分たちでつくると言い出した。たしかに、板金加工も組み立ても電気配線もやっているので、太陽光パネルさえ買ってくれば、つくることは可能です。幸い、前職で土木関係の仕事をしていた従業員がいたため、土地の整備も自前でできることがわかりました。

問題は土地です。父は前橋市で、サッカーコート4面と野球場がある運動公園だった、広大な場所を見つけてきました。それを買うというのですが、試算すると8億円は必要になる。やっと楽になったのに、また大きな借金かと思いました。ただ、このプロジェクトについては私もうまくいきそうだと感じていたので、初めて親子でタッグを組もうと考えたのです。

しかし、銀行側もそう簡単にカネを貸してはくれません。メインバンクに相談したところ、3行協調融資ならなんとかするという話になりました。8億円を3分割して、リスクヘッジしようというのです。

2行目もそれならいいということになり、これは意外といけるかもしれないと思った矢先、3行目にきっぱり断られてしまいました。当時はこの3行としか付き合いがなかったため、困ったものです。取引実績がまるでない銀行に話を持ちかけても、いきなり数億円も貸してくれるわけがありません。

しっかり者の母に助けられ、苦境を脱する

それでも父は新しい銀行を見つけてきて、私が交渉をする。そりゃ、こんな財務状況の悪い会社を相手にはしませんよ。「本気で借りる気ですか？」と鼻

で笑われるような感じでした。それでも食らいついて、「なぜ貸せないのですか？」と聞くと、銀行側もいちいち問題点を指摘してくれる。

頑張って指摘されたことを改善し、また別の銀行と交渉です。結局、7行と話し合いましたが全部ダメ。それを半年以上も続けていました。もうムリかなとあきらめかけていたとき、ある考えがフッと浮かんだのです。

見せガネをつくればいいんだ。

ある程度の現金を持っていると見せることができれば、たぶん貸してくれるのではないかと思いました。

父が最後に信用金庫を連れてくるということになり、これで断られたら終わりだと思ったので、私は言いました。

「会長！　さんざん嫌な思いをさせて申し訳なかったけど、たぶん見せガネを示せばなんとかなる。どこか貸してくれるところはないだろうか？」

それを聞いた父は、残念そうに「いやあ……」とうなだれましたが、私には当てがありました。

母です。母はしっかり者で、父に内緒で保険や定期預金を積み立てていることを、なんとなく知っていました。それもけっこうな額。母に頭の上がらない父は、「そこに手をつけるのはムリだろう」と言いましたが、「会長が頼んでもムリだろうが、息子の俺が頼めばなんとかなる！」と、母に頭を下げました。

「お母さん、悪いけど、満期を迎えた保険や定期預金を全部見せてくれ。証書や通帳のコピーだけでいい。使うわけではなく、信用金庫に見せるだけだから」と説得して、全部集めてもらったのです。

それを計算したところ、案の定、かなり大きな額でした。

信用金庫の支店長との交渉の日、やはり財務状況の話になりました。

そこで、例のコピーをすべてテーブルの上にさらして、「担保にとるか、とらないかは任せますが、これをもとに本店のお偉いさんと戦ってきてほしい」とお願いしたわけです。すると支店長が、1週間だけ時間がほしいと言ってくれました。

その支店長には今も感謝しています。きっかり1週間後、「やりましょう」と承諾してくれたのです。

これで資金に目途が付き、狙っていた土地を購入することができました。そこさえクリアしてしまえば、あとは私たちの得意分野、ものづくりです。

こうして無事に、2メガワットのソーラー発電を始めることができました。きっかけとなった10キロワットの、200倍ですよ。父の計算を大きく超える成果でした。当時は電気の売り値が高かったので、父と私の期待通り、大きな利益を生む事業になったのです。

その結果、財務状況が好転して赤字から脱することができ、さらなる成長の道を歩めるようになりました。しっかり者の母にも、感謝です。

06

自社ウェブサイトの立ち上げ、バランス型経営を目指す

メガソーラーで会社は持ち直し、資金繰りにも余裕が出てきました。「ソーラー発電は儲かるぞ！」と父がいろいろなところで言いふらすうちに、発電設備や工事の注文が山のように入ってくるようになります。メガソーラー事業の成功から2～3年間は、太陽光発電が島田工業をかなり支えてくれましたね。

ここで生まれた利益を、私は思い切って工場の設備投資に使いました。その結果、現在の主力事業である精密板金に移行できたのです。２０１３年以降は、ずっとお金をかけて、設備をパワーアップし続けましたね。それまで20年近くほったらかしてきた工場を、一気に進化させたのです。

最新式のレーザー加工機は1億円以上もしましたが、政府の補助金もあり、

想定よりも安く購入。それでも投資し続ける私に対して、父は「いい加減にしろ」と怒っていました。

けれども私は、未来に向けて会社を強くするべく、「武装」したかったんです。だって、今までパンツ1枚と木の棒だけで戦っていた人間が、鎧を着て、剣と盾まで全部装備できるわけですから。

メガソーラーはラッキーパンチでしょう。やはり本業を強化しなければいけないという、ある種の危機感を持っていたわけです。これは発電バブルで、いつかはじけるだろうと。やはり、電気の売り値はどんどん下がっていきました。とはいえ、現在でも一定額の利益を出し続けてくれているので、ありがたい存在には変わりありません。

少しずつ会社の経営状態は良くなっていきましたが、問題もありました。いまだに本業の部分は、大手電機メーカー1社に依存しているということです。

複数の取引先とバランスの取れた付き合いをしていかないと、安定経営はできません。

新規顧客を獲得するにはどうしたらいいかと悩んでいたとき、あるコンサルティング会社と出合って、デジタルマーケティングを勧められました。まずは自社のウェブサイトを立ち上げ、全国のお客様にアピールしてはどうかというわけです。そこで、「精密板金加工 配線組立.com」を開設しました。

製造業では、新しいお客様を獲得したくても、なかなか決定権を持った相手までたどり着けません。

一番早いのは、設計者や技術者と直接話をすることです。設計や技術を担っている人間は、自分たちが設計したものを形にしてくれる会社を探しています。そのために、昔は決まった相手と取り引きしていたのでしょうが、今はネットで検索するんです。

サイトをオープンして最初のうちは、ほとんど反応がありませんでした。けれども、そのうちポツリポツリと設計者から問い合わせが入るようになったのです。ちょうど精密板金に移行中だったので、ちょっと難しそうな依頼もなるべく引き受けるようにしました。

現場は変化を嫌いますから、抵抗感もあったでしょう。それはひしひしと感じていましたが、次第に製造の従業員も楽しめるようになってきました。

1社依存の状態から、50社にまで拡大

新しく付き合いが始まるときは、まず工場を視察したいということもよくあります。そのときに、もし工場が汚かったらがっかりするし、不安になりますよね。信用にも関わるでしょう。

そこで、以前から導入していた5Sを推進することにしました。

ちなみに、子どもがいる家のリビングが、1年のうちでもっともきれいな日って、いつだか知っていますか？　それは、家庭訪問の日なんです。

家庭訪問の日は、見たこともない絨毯に変わっていたり、玄関によくわからない花が飾ってあったり、見たこともないお菓子があったり、お母ちゃんの化粧がいつもより濃かったり……。家庭訪問じゃなくてもいいですが、つまり、お客様がくるときに、家はきれいになるんです。

ということは、工場も同じはず。お客様を招けば招くほど、きれいになっていく。だから、どんどん招待して、島田工業の設備を見てもらうようにしました。お客様の幅が広がり出したのは、そこからです。さまざまな業界から注文をいただくようになりました。

そうしてでき上がった幅広い製品をウェブサイトで発信すると、こんなこともできるのかと、さらに仕事が増えていく。だんだんと、定期的に注文が入るようになったのです。なかでもおもしろそうだと思った案件は、採算が合わなくても、積極的に引き受けるようにしました。

今ではSNSを使った発信も始めていて、従業員たちも楽しんでいます。1社依存体質だったおもかげは、もうありません。現在は常に50社程度と取り引きをしています。

島田工業では、設計から開発、加工までのすべてを行っているので、お客様が自由にサービスを選べるんです。設計だけでもいいし、開発から試作まで、あるいは量産も見据えてほしいなど、いろいろなご要望をいただきます。

それに応えるための体制は、この10年でつくり上げたつもりです。

営業に行ったとき、付き合いを始めるために、最後の殺し文句があります。

「まあ、うちは便利な会社なんで、付き合っておいて損はないですよ。うまく使ってください」

これで大体決まります。もともと板金が嫌いで、仕事を楽しくしたいと思って悪戦苦闘してきました。ようやく、その土台ができたように思います。

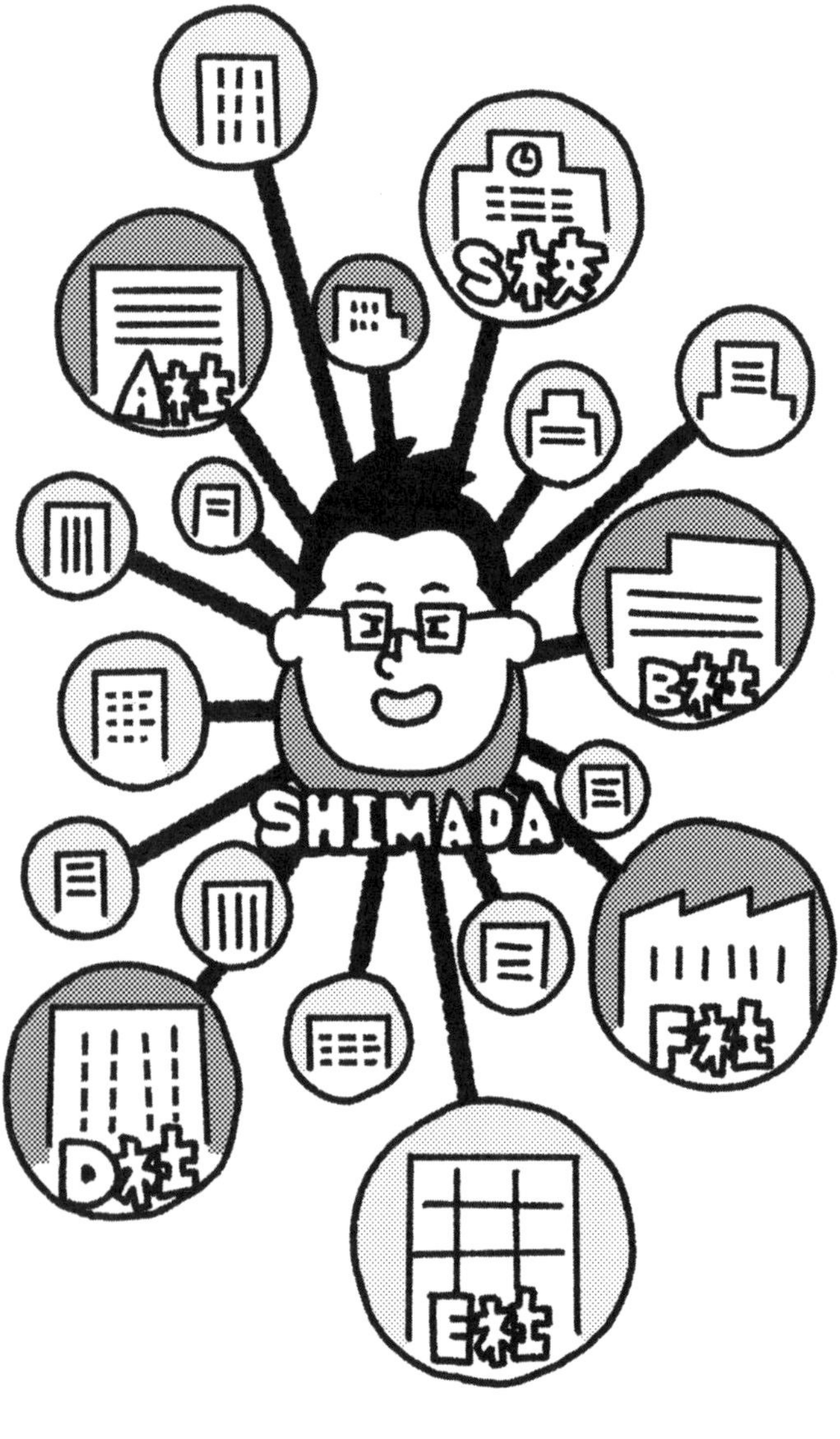
S校
A社
B社
SHIMADA
F社
D社
E社

Chapter 2

できない理由ではなく、できる方法を考える

07

「おもしろい」がキーワード。これが〝チャレンジ〟を積み上げる

先日、営業が「東京大学から問い合わせのメールがきた！」と驚いていました。送り主は理学部の研究室で、アルミ板金の加工依頼です。「こんなもの、できますか？」という文章とともに、いかにも頭の良さそうな図面が一緒に送られてきましたが、必要な精度がどれほどかはよくわからない。

それで、私は営業に「いいからつくっちゃえ。見積もり提出がてら、直接持っていくぞ」ってんで、注文をもらう前に試作しちゃったわけです。

相手はびっくりしていましたよ。ほとんど押し売りみたいなものですからね。

「使ってみて、問題なかったら注文書を送ってください」

「いいんですか、そんな感じで……」

「いいんです、いいんです」

そんな会話をして、そのまま注文をもらいました。

東京大学と仕事ができるなんて、おもしろいじゃないですか。

その研究室の教授が京都大学にも出入りしていたため、そちらからも注文が入るようになりました。

このように、島田工業を紹介するウェブサイト「精密板金加工 配線組立.com」を通じて、設計者や研究者の方々が注文を出してくれるんです。

サイト開設当初は、面倒くさがっている従業員も少なくありませんでしたが、さまざまな依頼に対応してあれこれ工夫しているうちにおもしろくなってきたようで。そうなると、ちょっと難しい内容でもチャレンジしてみようかという気持ちになる。私も「いいからやってみな！　失敗しても命取られるわけじゃないんだから」とあおるわけです。そのうち、今まで付き合ったこともない業界や研究団体・機関から、より多くの仕事がくるようになりました。

「はじめに」で触れた業務用食器洗浄機の開発も、サイトにきた依頼から始まりました。通常、業務用だと4メートルくらいの大きさですが、注文は1・5メートル以下のコンパクトタイプで、汚れた食器をそのまま入れるだけで、洗って乾燥までできるという優れものです。

こうしたニッチな製品の依頼を、大手企業はまず相手にしないでしょう。実際、この食器洗浄機も1台だけの注文でしたから、あまりお金にならないのです。でも、島田工業はおもしろければ、ギリギリの金額で受けちゃう。

大体、最初からまとまった注文にはなりませんが、1日1台でも20種類の仕事があれば、チリも積もればなんとやらです。

その一方で、コストダウンのために私たちを利用しようとする依頼は、さっさと断ってしまいます。本気になって、信頼し合える関係になったら最後まで一緒に取り組むし、難しい内容でも、途中で投げ出すことはしません。

会長のつぶやきから始まった自社ブランド

実は、自社ブランド製品の開発も、「おもしろい」から始まった挑戦です。

例えば、「L&Air（エルアンドエアー）」はLEDライト付きの天井設置型空気清浄機ですが、私の父である創業者・島田利春会長のアイデアから生まれました。たまたまタバコの煙が照明に向かってのぼっていくのを見ていた会長が、「このライトに空気清浄機が付いていたらいいよな」と言い出して、開発がスタートしたのです。

PM2・5（微小粒子状物質）や受動喫煙が問題になっていた時期でもあり、それらも除去できるような空気清浄機を照明にくっつけられたらおもしろい、となったものの、簡単ではありません。

しかし、あきらめることなく、自分たちでできない部分は他社にも協力してもらいながら、開発を進めていきました。その結果、雑菌はもちろん、インフルエンザなどのウイルスもほぼ100%除去できる、なかなか良い性能を実現することができたのです。

開発に5年以上の月日をかけ、ようやく2020年1月に発売。ちょうどその頃に、新型コロナウイルスの流行が始まりました。当初は新型コロナウイルスにも効果があるという科学的な根拠がなかったのですが、その後、実証することができたので、これは売れるかと期待したものです。

けれども、実際はあまり売れませんでした。結局、売り方を知らないし、ブランド力が足りなかったのでしょうね。

そこで今は、販売や広報活動に特化した子会社を設立し、そこでL&Airを売り出しています。その中には「ものづくりアイディアセンター」を設置して、ものづくりに興味のある一般の方や、試作品をつくってみたいという企業を募集し、そのサポートをしているのも特徴です。

また、島田工業では「e・WASH（イーウォッシュ）」というスーパーアルカリイオン水の生成装置と関連製品の販売も行っています。

これは新型コロナウイルスやノロウイルス、大腸菌などを除菌する効果を持ちながら、安全で、赤ちゃんにも使える〝魔法の水〟です。

もともと別の会社が開発し、私たちが板金を洗うために使っていたものです。コロナ禍になって、スーパーアルカリイオン水が感染対策に役立つことがわかり、従業員などに配っていました。すると、その魔法の水をつくれる装置や、それを使った加湿器などが欲しいといわれるようになり、製造と販売を始めたわけです。おかげさまで、かなり売れています。

腰痛持ちのゴルフファンのために、立ったままでボールを拾える「ナイスキャッチャー」という商品も開発しました。これも「思いついたらやってみる」精神で生み出したものです。

おもしろいと思ったらつくってみる。それが、島田工業のポリシーなんです。

面白そう
つまらなそう
こっちだ!!

08 お客様にとって必要なことを、どれだけしっかり汲み取れるか

お客様は意外と、「何をしてほしいか」を言ってくれないものです。

もちろん、表面的な要望は伝えてくれますが、なぜそれが必要なのか、本当に欲しいものは何か、お客様自身もよくわかっていないことが少なくありません。私たちはこの隠れた願いを推理しなければならないわけですが、簡単なことではないでしょう。コツは、自分に置き換えて考えることです。もし自分が買うとしたら何を求めるのか、何をしてほしいのか。そこに意識を向けないと、お客様が満足する良いものはつくれませんね。

そしてもう1つ、私たちがやるべきこと。それは「はじめに」でも書きましたが、アニメ『鬼滅の刃』で煉獄杏寿郎が言ったセリフ「胸を張って生きろ」と

同じで、「胸を張ってつくれ」ということです。

つくったものが依頼内容の奥深くにある本当に必要なことと合致して、お客様が想像していたものよりも、質の面で上回ることが理想的です。

なかなかそうはいきませんが、「できました。どうぞ見ていただいて、何かあったら連絡してください」といったときに、「おお、予想以上ですよ」という言葉をもらえたときが一番うれしいですよ。ものづくりに携わる人間にとって、ものすごい褒め言葉だと思います。


つまり、それはものづくりに「付加価値」をつけることができたということです。付加価値はよく聞く言葉ですが、実に幅が広く、奥が深い。そもそも価値とは何かを考えると、簡単に答えは出ないはずです。製造業で付加価値というと品質や機能面を考えがちですが、それだけではありません。例えば、お客様に対する電話の応対や、要望を聞くときに一言、「他に必要なものはないですか」と聞けるかどうか……。そんな細かいことも付加価値になるのです。

私たちは安売りをしません。逆に、他の企業よりも高めの値段をつけています。お客様からすれば、「高いカネを払う以上、ちゃんとやるんだろうな」と思うはず。だからこそ、対応力が問われるのです。

言いっ放し、やりっ放しはダメ。提案やコミュニケーションをこちらからどんどん仕かけていく積極さが大切です。「こんな問題があるので、こうしてはどうですか?」「こういう工夫をすると、製品の質がより上がりますよ」と声をかける。「お客様も忙しいだろうから……」などと遠慮してはいけません。

こうした提案はお客様も喜んでくれて、返事も早くなります。

密なコミュニケーションで、強固な関係をつくる

営業がお客様に会いたいと思ったら、「いつ頃がよろしいですか?」と聞くのではなく、「打ち合わせをしたいのですが、○日と○日のどちらがよろしいですか?」と選択肢を示すべきです。

これも一種の提案。こうしたスピード感のある対応が、コミュニケーションを密にし、信頼できる関係づくりにつながっていくのです。

そして、そうした関係ができているからこそ、ときにはお客様に対して厳しい意見も平気でいいます。

例えば、他社と料金を比較するための見積もりを要求された場合、「それはできません。うちは他社より高いですが、その分の貢献をしています」と断ることができるわけです。大半はお客様から「申し訳なかった」と、従来通り発注してくれます。


先日、居酒屋を経営する友人から「値上げをしたいんだけど、怖くて上げる勇気がない」と相談を受けました。お客様は敏感ですから、ちょっと値上げしただけで足が遠のく恐れもたしかにあるでしょう。ただ、これもお客様が求めるものを、先取りしてしまえばいいんです。

私は友人に「値上げをする前にサービスをもっと良くすればいい。今までやっていなかったサービスであれば、お金のかからないことでいいから」とアドバイスしました。

これはどういうことかというと、入店時におしぼりを持っていくとき、普通は「いらっしゃいませ」ぐらいの声かけですよね。そこで、おしぼりを広げて差し出し、「今日も1日お疲れ様でした」なんていわれたら、誰でもキュンとくるでしょう。そのくらいの細かいことでいいんです。実際、そういうお店には足を運びたくなる。その一言で気持ち良くなって、料理もおいしく感じる。

自分で飲みに行ったお店に良いところがあったら、どんどん真似すればいいんです。その後で値上げすれば、お客様も逃げません。

島田工業も最近、値上げをしました。材料費が高くなって、価格を上げざるを得なかったのです。お客様のもとを回ってお知らせしたところ、1社だけ、断られてしまいました。

仕方がないので納品を止めたら、すぐに謝りの電話があって、結局、みなさんに了承していただくことに。その会社はまだ付き合いが浅く、私たちのことを充分に理解してもらっていなかったのです。

逆にほとんどのお客様は、島田工業が自分たちの儲けを大きくするためだけに値上げをするような会社ではなく、良いものを、それに見合った価格で商売してきたことをわかってくれていたのでしょう。

島田工業には変わった標語がいくつもあります。その1つが「ＡＢＣ」です。

「(A) 当たり前を (B) バカにせず (C) ちゃんとやる」

頭をとって「ＡＢＣ」。

当たり前のことを当たり前にやるというのは、簡単なようでなかなか難しい。けれども、それをきちんとできていれば、自然と成果は出てくるはずです。私たちがお客様と強固な関係を築けているのも、これのおかげ。

ちなみに、朝、「おはようございます」と挨拶をするのも、ＡＢＣです。

当たり前を
A
フムフム
何を求めているのだろう…
バカにせず
B
○○と△△はどちらがよろしいですか？
スピードスピード!!
ズババババ
ちゃんとやる
C
ありがとうございました
サービスと誠意が命

09

製品に「価値」づけをして、選ばれる理由をつくり出す

製品の価値を評価してくれるのは、もちろんお客様です。しかし私たちはそれだけでなく、第三者からの評価がさらなる「価値」になると考えています。決して自分たちが評価者ではない。胸を張ってつくるのは当然ですが、「良いものができた」と自己満足で終わってはいけません。それは、ただの自分勝手になってしまいます。お客様と、第三者からの評価も得る。そういう考え方ができるようにならないと、ものづくりはレベルアップしないでしょう。

私が社長になった2011年、何を従業員たちに伝えようかと考えて、経営理念を見直しました。それ以前から「顧客満足」という目標はあったのですが、実は私自身、その意義や意味がよくわかっていなかったのです。島田工業の採

用に応募してくれた方たちと面接をするたびに、「顧客満足ってなんだと思いますか?」と聞いていました。大半は「お客様が満足する製品をつくって提供すること」みたいな回答です。会社としてそれでいいのだろうか、顧客を取引先に限定していいのだろうか、と自問自答を繰り返す。2012年末頃にようやく、1つの結論が出て、理念をつくり直しました。「顧客満足〜本当の幸せを得るために〜」とサブタイトルをつけ、以下のように決めたのです。

「顧客」とは、お客様は勿論のこと、shimadaに勤める従業員・その家族・仕入先様、地域の方々等、shimadaと関わる全ての方々の事である。もちろん自分自身も「顧客」である。

「顧客満足」とはshimadaと関わる全ての方々と「共に歩み」、WIN・WINになれる関係を築く為の言葉である。

「顧客満足」を実践することで「本当の幸せ」が手に入ると信じ、日々生活(仕事)をする。(以下略)

このように、島田工業と関わるすべての企業、すべての人を顧客と考えて、その方々に製品や会社の価値を評価していただくことが大切だと考えました。

ところで、「本当の幸せ」ってなんですかと聞かれたとき、あなたはどう答えますか？

私は、お金や時間があるということではなく、さまざまなことが充実している、心の豊かさがある生活だと考えています。

Chapter4で紹介しますが、この顧客満足の下に「5つの思考」と「16の行動指針」を策定しました。いわゆるクレド（企業としての約束）です。この「5つの思考」の3番目に、「気前よく生きて与えて貢献する」という項目があります。苦労を惜しまず、自分の持てる力や時間を顧客のために惜しみなく使えることが、顧客に感動を与える。それこそが価値であり、島田工業が選ばれる理由となるわけです。

そしてこれは、私にとっての幸せである、充実にもつながっていきます。

さまざまな視点が"ものづくり"をレベルアップさせる!
みなさん、どうですか?

10

他社があきらめる製造でも、引き受けることで差をつける

島田工業では、他の企業が断った仕事を引き受けることが多くあります。他社で断られる理由はさまざまですが、その根底にあるのは「面倒だから」ということでしょう。手間がかかるので、何社かに断られて最終的に「なんとかならない？」と話が回ってきます。

私たちは面倒を理由に断ることがないので、技術者と相談して、「こんな方法ならできますけど、ちょっとお金がかかりますよ」とお客様に提案します。そうすると、大半のお客様が「それでもいいから、やってください」と発注してくれるわけです。

こんな話を同じ業界のライバル企業にすると、「エーッ、そんなにお金をか

けてまでやるんだ！」と驚きます。

島田工業のライバルにあたる多くの企業は、「それならば、このくらいお金がかかります」といわないんです。できないと断っちゃう。

私たちは逆に、「こんなにお金がかかりますけど、それでもやりますか？」と聞きます。その段階で値切ってくるようなお客様は断りますが、多くは「やってください」となる。新しい製品や試作品などで、特に妙な形や複雑な内容のものが多く回ってくるのは、そういう理由です。


だから、安さ勝負にはなりません。

最初は、従業員も面倒くさい案件には「困ったな」という顔をして、「できない理由」をいいたがっていました。しかし、それよりも「できる方法」を考えてみる。

「みんなが困った顔をすればするほど、提示する金額が高くなるだけだから、心配することはない。カネのことは考えずにやってみろ！」といっているうちに、今ではみんな挑戦を楽しむようになりました。

難しい注文の中には、設計から見直すケースもあります。「この設計は変えたほうが絶対にいいです」とか「設計にムリがあってトラブルが起きるのは明らかなので、こう変更しませんか」と提案することもけっこうあるんです。

そうやって難題を引き受けているうちに、技術力が着実に上がってきました。今でもそうした難しい案件は「やれそうか?」と技術者に聞くんですが、最近はだいぶ自信がついてきたようで、「ちょっと時間をもらえれば、なんとかなりますよ」と返ってきます。

ただ、ここで壁となるのは溶接です。私たちが磨いてきた技術を活かせば、ほとんどの機械加工は対応できますが、精度の高い溶接ができるかどうかは、また別の話。もちろん、これも挑戦で、今では溶接担当者も相当腕が上がってきました。でも、他の解決方法もあるんです。

技術者はいるけど、職人はいらない

溶接は職人技だとよくいいますが、私は職人という言葉が好きではありません。島田工業に技術者は必要だけど、職人はいらないと公言しています。実は一直線に溶接するのは、人間の手では難しい。それならば、ロボット化すればいいのです。人がやると、どんなにうまい人でも波打ってしまうのですが、ロボットはきれいに仕上げます。

従業員たちも、ロボットにはかなわないといっているほどです。

島田工業では今、ロボット化を一生懸命進めています。ロボットができる作業は、すべてロボットに任せる。

以前はロボット化というと、大量生産でなければ意味がないと考えられていました。それでも私は、1個生産からロボット化するといって、実際に進めてきたわけです。だって少量でもロボットでつくれたら、次に同じような仕事が発生したときに、手間が減るじゃないですか。面倒を理由に仕事を断ることはないですが、なるべく手間がかからないようにするのは、当たり前です。

そのために、技術者の能力をロボットに移植するプロジェクトを長く続けてきました。自社でプログラムもつくっています。人間がロボットに技術を教えることで、かなり性能が上がってきました。今では入社半年の新人にも、「素材をセットしてボタンを押せば、あとはロボットが勝手に溶接してくれるから安心しろ」と伝えています。実際に、それで良いものができ上がる。

「入社半年の従業員が、この溶接をやったんですよ」と自慢すると、「いやいや、ロボットでしょ」と返されます。私は「そのロボットを使って溶接したのは、まぎれもなく入社半年の従業員なんだ」と言い返すんです。

昔は、一人前になるまでに最低5年、長いと10年かかるなんていわれていました。「俺じゃないとできない」なんて意気込む職人も多くいましたが、残念ながら、技術革新によってロボットは職人技を超えてしまっているんです。

ロボットを増やしていって、仮に1人の従業員が3台のロボットを操るとします。それだけで、単純に生産性が3倍です。ロボットを使って従業員が3倍の能力を獲得したと考えれば、すごいことでしょう。ロボット化していない企業と比べたら、競争力は大きく向上します。

それにロボットなら、面倒な加工もさらにこなせるようになり、ますます他社が断る仕事を引き受けられる。まだ道半ばですが、これからロボット化、自動化はさらに強化していくつもりです。

新人がロボットを自由に操り、高い能力を発揮する文化が社内でもっと根づいていけば、会社としても大きな進化を期待できます。

ただし、ロボット化とはいっても勘違いしてほしくないのは、〝ひと〟の技を軽く見ているわけではないということ。ロボットの技術も大体はやはり人間ですから、それは〝ひと〟でしかできないことです。それから、ものづくりは地味で、汗まみれ、油まみれの仕事だということ。それでも、ものづくりをかっこいいと思える人には、とても良い職場だと自信を持っておすすめします。

これこそ
"ひと"の価値だ!!
技術力UP
顧客への提案
新しいことへの挑戦
CHALLENGE

11

挑戦に失敗は付きもの。感謝を忘れず、持続的な成長を！

従業員に成長してほしいというのは、経営者の願いです。私は日々の仕事において、たくさんチャンスを与えるようにしています。最初は尻込みしていたメンバーも、今ではチャレンジする機会に対して、「できません！」といわなくなりました。「えっー」と反応しながらも「それじゃやってみますか」とか、「やりたいです」と答えてくれるわけです。

取り組んでいる途中でも、「これはなんでこうしないの？」とか「これは試してみた？」など、声をかけるようにしています。ちょっとしたアドバイスで、「あ、できちゃいました」ということも少なくありません。

ただ、挑戦には失敗が付きものです。そのときは「なぜ失敗したと思う？」

と自分で考えさせるようにしています。最初から無理なことだったのか、やり方をちょっと間違えたのか、それが見えてくると、2回目はすんなりとうまくいくものです。

失敗したくないという気持ちをなくすのは、非常に難しいでしょう。でも、初めてやることがうまくいかないのは、当たり前なんです。私は、何かにチャレンジして失敗しても、怒ることはありません。私がよくいっているのは、「何もしないことが一番の罪だ」ということ。

挑戦も努力もしない〝ひと〟が、成長することはありませんから。

前に書いた「5つの思考」の5番目に、「感謝の心を持ち続ける」という言葉があります。仕事に失敗しようが成功しようが、「ありがとう」だけは絶対に忘れてはいけません。「16の行動指針」の最後も、「『ありがとう』を心から言える人間になれ」です。この世で、たった1つの言葉しか次の世代に残せないとしたら、私は迷わず「ありがとう」を選びます。

九州のある会社を訪ねたとき、サンクスカードという感謝の気持ちを従業員から従業員に伝える取り組みを知りました。良いと思ったことはすぐに真似する主義ですから、もちろん私たちも取り入れようと考えています。

その会社では3カ月に1度、社内報に各従業員に届いたサンクスカードを添付し、自宅に郵送しているそうです。届いたサンクスカードを家族が読んで、「会社でこんなに感謝されているんだ」とわかる。それが家庭内での感謝を生み出し、働き手の励みになるというわけです。素晴らしい試みですよね。

私も従業員への感謝を忘れずに、みんなの気持ちを大切にしています。

例えば、お客様から急な納期の変更依頼があったとき、現場がダメだと言ったら断ります。ものづくりは魔法使いの仕事ではないので、杖をひと振りにハイ、完成というわけにはいきません。

大企業の重役が出てきて、「できるよね」といわれても、「現場が対応できないので、この日まで待ってください」と答えます。それでもしつこく傲慢ならば、「ものづくりはさまざまな工程を経てでき上がるので、偉い方がいらっしゃっても、できないものはできません。ただし、最善は尽くしますから、お帰りください」と、平気でいうわけです。

以前、ある大手建設会社の仕事を受けたとき、その会社の手違いで納期が1カ月以上早まってしまったことがあります。まだ、材料すら届いておらず、ムリなのはわかり切っていました。当然、「うちでは対応できないので、他社に回してもらって構いません」と断りましたよ。

すると翌朝、その会社の現場監督と営業たちが7～8人で押しかけてきて、強引に話を進めようとしてくるのです。

「帰ってくれ」と、全員お引き取り願いました。そもそもお客様のミスですから、そういうときには躊躇しません。

会社は学校じゃない。自ら利用して成長してほしい

私は毎朝、２カ所の工場を回り、「おはよう」の挨拶を欠かさないようにしています。毎日のことなので、みんなすっかり慣れていて、社長がきたからといって変に緊張するメンバーはいません。

毎週月曜日には、従業員との面談も行っています。板金工場と組み立て工場とを、それぞれ隔週で回り、全員と話します。かなりの人数がいるので、１人あたり数分しか話せませんが、それでも定期的に会っていると、いろいろなことが見えてくるのです。悩みごとがありそうだなと感じたら、別で時間をつくって話すようにしています。特に何かうまくいかないことがあったときには、状況を確認したり、アドバイスしたりするいい機会です。

そんなことを続けているからか、会社を辞める人はほとんどいません。昨年、新卒で入ってくれた2人にこう話しました。

「このまま、生涯ずっと島田工業で働いてくれることが一番理想だけど、人生いろいろなことがあるから、辞めざるを得ないこともあるかもしれない。結婚してパートナーが転勤になって、一緒に行くことになるとかね。もし辞めて別の会社に入っても、そこで『群馬の島田工業で働いていたんだ。良い会社だったね』と褒められるような存在でありたいし、君たちがどこへ行っても通用する人間になってほしい」

どこでも通用する人間になるために、自分を変えられるのは自分だけです。会社は学校じゃないし、私も先生じゃない。だから、貪欲に自分から仕事に飛び込み、多くのことを学びとってほしいと思っています。

何歳になっても、学び続けることが大切です。わからないことは自ら調べる姿勢が重要で、初めて聞く言葉があれば、すぐ誰かに教わろうとするのではなく、スマホを使って自分で調べてみる。その後で、人に聞くべきです。

島田工業を利用して、ぐんぐん成長してほしいですね。

何歳でも
どんな立場でも
トライ&エラー
自分を育てるのは
自分自身だ！

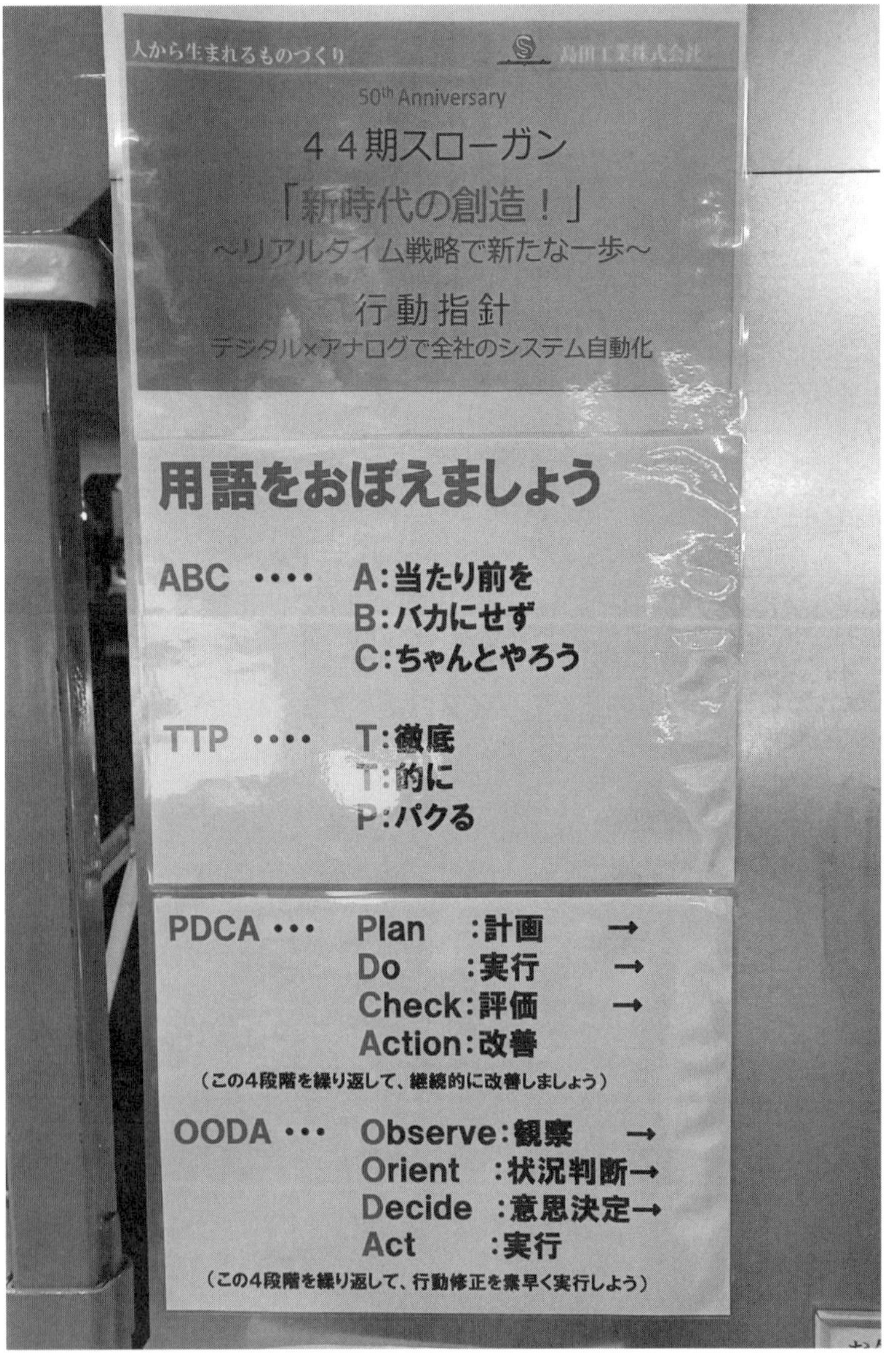
人から生まれるものづくり
島田工業株式会社
50th Anniversary
44期スローガン
「新時代の創造！」
〜リアルタイム戦略で新たな一歩〜
行動指針
デジタル×アナログで全社のシステム自動化
用語をおぼえましょう
ABC ････ A：当たり前を
B：バカにせず
C：ちゃんとやろう
TTP ････ T：徹底
T：的に
P：パクる
PDCA ･･･ Plan：計画 →
Do：実行 →
Check：評価 →
Action：改善
（この4段階を繰り返して、継続的に改善しましょう）
OODA ･･･ Observe：観察 →
Orient：状況判断→
Decide：意思決定→
Act：実行
（この4段階を繰り返して、行動修正を素早く実行しよう）

Chapter 3

ものづくりを通して、〝ひと〟を育てる会社に

12

最新設備や成長できる環境があるから、一人ひとりの力が高まっていく

島田工業は暗黒の10年間を経て、メガソーラー事業で復活し、その資金を使って工場をレベルアップさせてきました。

現在も北関東トップレベルの設備力を目指して、毎年、売上の5％を最新設備に使うようにしています。２０２１年度は20億円を超える売上でしたから、約1億円を使いました。

具体的には、最新のレーザー複合加工機を2台導入し、工場をどんどん自動化しています。また、製造だけでなく、設計部門でも高機能な機材を使いこなせるように環境や技術を整備し、デジタルデータを使って、お客様とよりわかりやすくコミュニケーションをとれるようになっています。

誰しも新車に乗り換えると、テンションが上がって楽しくなりますよね。新しい家に引っ越すと、なんとなく頑張ろうという気持ちになる。

設備も同じです。最新の機械やツールに入れ替えると、従業員のやる気が上がるし、今まで手作業でやっていたことをAIやロボットが代わりにやってくれるようになれば、仕事がラクになり、生産性も上がるわけです。

そのためには、1台で1億円もする高価な装置を入れることもありますし、2022年度は500万~1000万円ほどのさまざまな機械を、何台も導入しました。

それは、必要になったから購入するものばかりではありません。

例えば半年ほど前、人間と協働して作業するロボットを2台導入しました。絶対に必要だったわけではないですが、従業員には「ロボットと遊びながら使い道を考えろ」といっています。つまり、ロボットという道具を使いこなして、新しい価値をどんどんつくり出していって欲しいのです。１台２５０万円ほどしましたが、従業員の創造性を引き出せると考えれば、高くはないでしょう。

ロボットを売り出しているメーカーに、島田工業で発生する作業のどこにロボットを組み込めばいいかなんて、本当の意味ではわかりません。もちろんいくつかの提案はしてくれますが、実際にそれを考えるのは、ロボットと一緒に働く従業員です。そこで創意工夫が生まれ、メーカーも想定していなかった、新たな使い方が出てくるかもしれない。画期的な発明につながるかもしれません。だから、２５０万円はむしろ安い買い物だと、私は考えます。それは、会社の成長はもちろん、一人ひとりの人材が進化することにつながるからです。

ものづくりは製造だけでなく、でき上がったものの検査も非常に重要です。不良品を出すような企業には、誰も頼まなくなるでしょう。１つ欠陥を出すことが、致命傷になる業界なんです。

私たちが行う検査工程の１つに「リークチェック」というものがあります。

これはつくった製品の接合部、溶接部に漏れがないかを調べるためのものです。もともとは外部にお願いしていた作業ですが、その分だけ余計な時間がかかってしまう。そこで、このリークチェックを実施するための設備を導入し、自分たちでできるようにして、納期を短くしたことで、お客様からとても喜ばれました。

こうした検査機器の整備も、積極的に行っています。こうした体制を整えていますから、業界内でも高い品質保証だと自負しています。

現代は、テクノロジーの進化も非常に早く、対応が遅れて古い機械を使っていると、すぐ新しい技術についていけなくなるのです。新しい機械を入れても、すぐに使いこなせるわけではありません。操作に慣れるまでに半年、その機械が本領を発揮して、利益に貢献できるのはさらに1年後。

だからこそ、早め、早めにリニューアルして、新技術を自分たちの武器にしなくてはなりません。

成長のための環境にどんどん投資！

13 真剣に取り組める「場」を提供して、ワクワクを形にする

〝ひと〟は、チャンスや挑戦の場があれば、成長するものです。

しかも、それがワクワクするような内容であればあるほど真剣さが増し、吸収できる量も多くなるでしょう。

そのような場をつくりたいと考え、社内で「ビジネスプラン・コンテスト」を計画しています。年に1回、誰でも自分でつくったビジネスプランを応募できて、グランプリをとった計画は実際に事業化する。その事業が軌道に乗り、本人が望めば、会社をつくって社長になってもらいたいのです。

独立して起業をする。1人でこれをやろうとすると、ものすごく勇気がいりますよね。でも、会社がしっかりバックアップするのだから、安心です。

最初は島田工業の中で、1つの部署としてスタートしてもいい。うまくいきそうならば法人化して、計画の発起人に社長を任せる。それで、島田工業グループが広がっていくのが、私の夢です。2023年度から始めようと思っていますが、従業員から素晴らしいアイデアがたくさん出てきて、毎年事業化しちゃったら、さすがに資金がもたないぞ、と心配しています(笑)。

実は、最近新たに始めた脱毛サロンの経営を任せているのは、従業員ではありません。私の知人女性で、その方はラウンジとカラオケが一体化した飲食店を経営していたのですが、コロナ禍でお客様が激減して、仕方なく店舗を半分に縮小することにしたそうです。そこに通っていた私は、その話を聞いて、すぐに「それなら、うちで半分借りるよ」といったら、驚いていました。

ちょうど私は、近年流行っている男性の脱毛ビジネスに興味があったので、「脱毛サロンをやらないか?」と提案したのです。突然の話に、彼女はさらにびっくりして、「私でいいんですか?」と聞くから、「いいんだよ」と答えました。

彼女はその後、脱毛を一生懸命に勉強していましたよ。

実は、プロが使っている業務用の脱毛器って、高くても300万円くらいで、工場にある加工装置と比べると、10分の1程度なんですよ。仮に失敗してもそれほどリスクはないし、人間はチャンスを得ると頑張るものです。

もしかしたら彼女自身は、私に助けられたと思っているかもしれません。でも私からすると、逆なんですよ。

経営にふさわしい場所も、人間も、最初からわかっている仕事ほど安心して事業化できるので、私がそのチャンスをもらったわけです。信頼できる方で、とてもやる気がありますから、きっとうまくやってくれるでしょう。

ただ、本人は1店舗だけ運営するつもりでいたので、「何いってんだ！　5年で10店舗だ！」といったら、また驚いていました。そのくらいの勢いがなければ、事業は伸びません。しばらくは島田工業から資金を出しますが、ゆくゆくは独立して、島田工業グループで社長になってもらいたいと願っています。

5Sで働き方が変わる。機械にも愛着がわく

工場に5Sを導入したと書きましたが、この5Sも一種のチャンスであり、挑戦の場です。きれいな工場をつくって、多くの方々に見学してもらう。どんな反応をされるだろうか、それだけで、ワクワクするじゃありませんか。

実際、工場がきれいになると、従業員の働き方も変わってきます。以前、永井くんという技術者が溶接ロボットとともに作業をしていました。そのロボットに「永井の右腕」という名前をつけて大切に扱っていたのが印象深く、今でもよく覚えています。残念なことに、永井くんは闘病の末、亡くなってしまったのですが、今も「永井の右腕」は、工場で他の従業員とともに働いています。

ほかにも、機械好きで、いつも楽しそうに仕事をしている従業員がいました。「そんなに機械が好きなら、名前でもつけてみたら」といったら、レーザー溶接機に「カズレーザー」と命名して、機械に書いていたんです。

見学に来たお客様が、「ひょっとして、担当者の名前がカズなの?」と聞いてきて、「当たり!」と大笑いになったこともありました。名前がついている機械をお客様が目にすると、〝ユニークな会社〟だと思ってもらえるようです。

工場の壁には、いろいろと妙な貼り紙があります。島田工業の変わった標語が書いてあるんです。「ABC(当たり前をバカにせずちゃんとやる)」以外にも、「TTP」というものがあります。

「(T)徹底(T)的に(P)パクる」の略ですね。

つまり、他人がやっていることを見て、良いな、自分でも実践するべきだな、と思ったら、徹底的に真似しなさいというわけです。そんなときは、胸を張って「TTPしました」と宣言すればいいと、従業員には話しています。

意外と、人真似をしてはいけないと思っているケースは少なくないんですが、良いことは真似するべきです。赤ちゃんが言葉を学ぶのも、両親の真似からでしょう。会社も私自身も、そういうスタンスで成長してきました。

ただ、こうした標語は掲げているだけだと、なかなか実践してくれないので、何度も「ABCだよな！」とか「TTPでいいよ」と言い続けています。

最近は「5Sで終わらず、その先にフューチャーを加えろ」といっています。ビフォー・アフターで満足せずに、その先の効果や成果を予測して考える、行動するということです。従業員は戸惑っていますが、それほど難しいことではありません。その取り組みで将来、どのくらいコストが減るかとか、どのくらい時間を短縮できるかという「メーター」をつけ加えればいいのです。

だんだんと、「納品のやり方を変えたら、年間32時間削減できました」といった報告も出てきて、「その分、自分たちの休みを増やせ」といっています。

だって、会社から休みやお金を「もらう」という考え方では、成長していけないでしょう。時間は自分でつくるもので、〝空いた時間〟なんて勝手にはできない。自分で空けるんです。自ら工夫して生産性を上げて、作業を早く終わらせたなら、それは自分でつくった貴重な時間。休みを増やせばいいんです。

A あたりまえを
B ばかにせず
C ちゃんとやる
T 徹底
T 的に
P パクる

14

相手の立場になって考える。それが信頼と技術力を養う

日頃から私が心がけているのは、物事を立体的に見るということです。自分が誰かに対して言葉を発しているとき、ちゃんと相手と会話が成立しているのかを、第三者的に見る姿勢が重要です。いい換えれば、相手の立場になって考える、ということです。

さらに、周囲に他の人がいれば、２人の会話を聞いていて心地良いかどうかも考えながら話せるようになれば、素晴らしいことだと思います。

毎日、従業員に対して話していると、相手の表情を見れば、ある程度その人の気持ちを理解できるようになるんです。聞いている振りして全然聞いていないな、とか、今回のミスはさすがにこたえているな、とかね。

そういうときにどのような言葉をかければいいかは、慎重に考える必要があります。ここは、つらいかもしれないけれど、現実をちゃんと理解してもらわなければいけないと思えば、同情する気持ちをいったん抑えて、淡々と事実を伝えなければなりません。

怒鳴るとか、語気荒くということではなく、内容的に厳しいことを、冷静に説明するわけです。

ただ、それを第三者が見聞きしたときに、社長という立場で、意図的にそういういい方をしているんだとわかるように、話し方や内容を考えています。

なかには感情任せにいいたいことを怒鳴るだけ、という人もいますが、それは自分のエゴを押しつけているだけで、相手の脳や心には届きません。

誰が聞いても納得するような言葉や口調で話すことができれば、当事者には間違いなく伝わるはずですから、そうしたコミュニケーションをとれるように、従業員にも求めています。

「5つの思考」の1番目に、「信頼できる人づくりの実行」を掲げています。

そこには「責任をしかと自覚し、明確に見定め、他人のせいになど絶対にしてはならない」、あるいは「責任は全て『自分が源』と常に考えながら行動する」と書いてありますが、「相手の立場になる」ことと「自分が源」と考えることは、同じです。

すべての責任は自分が引き受けるという心構えがあるからこそ、相手のことを考えられるわけです。

なんて偉そうにいっている私でも、ときには感情に左右されてしまうこともあります。いくら気に留めていても、頭で考えていても、心が先に口を動かしてしまうことは、誰にでもあるでしょう。

しかし、たとえそこに第三者がいなかったとしても、どこかで誰かが見ているという意識を持ち、相手のことを考えた話し方をするように注意しています。

朝礼などでも、たまに厳しいメッセージを伝えなければならない場面があります。従業員たちが理解してくれるように話し、しっかり伝わったと自信を持って「じゃあ、この話はここまで！」といったときに、周囲から拍手をもらえると、自分の意図を汲んでもらえたことを感じ、とてもうれしいものです。

また、こうした感覚は、聞き手の立場になったときに活きてくるでしょう。相手の立場になって話すことができる人は、相手が話しているときも、その人に寄り添うように聞くことができるわけです。これは非常に大切な能力だと、私は考えています。

先日、朝礼で従業員と顔を合わせた際に、1人の女性が「おはようございます」と挨拶をしました。私はその瞬間に、何かあったなと直感したのです。声のトーンが明らかに違う。入社1年目の従業員だったのですが、そのあとで詳しく話を聞いてみると、やはり社内で落ち込む出来事があったらしいのです。すぐに気がついて直接話すことができたので、早めに対処することができました。相手の細かな変化を見逃さないことが、いかに重要かがわかりますね。

フカンで
見ると…

15 「人材」から「人財」へ。愛される人間力を身につけよ

少し前に、『鏡の法則 人生のどんな問題も解決する魔法のルール』(総合法令出版)という本が話題になりました。自分が相手に好感を持つと、相手も自分を好意的に見てくれるという内容です。

逆に「ああ、この人は苦手だな」と思ったときは、相手も同じように感じているといいます。これは本当ですね。

相手に好かれるのを待っているのではなく、まず自分が相手を好きになる。それはビジネスの世界でも、重要なことです。

仕事ではさまざまな〝ひと〟と出会いますから、なかには、ちょっとひねくれた考え方を持っている方もいます。勝手に自分が嫌われていると思い込んで、

相手に強く当たるとかね。パワハラやモラハラなんていうのは、そんな考えから生まれてしまうのでしょう。

組織の中では、嫉妬や保身というのも怖い。自分より優秀な若い人が入ってくると、いじめて辞めさせてしまう人間もいますからね。

自分のことしか考えられないような人とは、一緒に仕事をしたくないと私は考えているので、島田工業には他人を愛せる人たちに集まってもらいたい。

得意な分野はそれぞれ違うけれど、深い愛情と高い志を持っている仲間の集合体が、島田工業です。

「16の行動指針」の14番目に、「みんなを愛し、愛される人間力を身につけよ」とあります。この項目は私にとってもすごく重要で、普通は「愛する」なんて恥ずかしくてなかなか使えない言葉ですが、それを堂々と掲げていることに、私たちの「覚悟」を感じてもらえたらありがたいです。

愛といっても、男女間の恋愛ではなく、子どもや親、兄弟姉妹への愛情に近いものをイメージしてください。なかには勘違いしてしまう方もいるので、「寄り添う」という言葉に言い換えるときもあります。「ちゃんと相手の気持ちに対して、寄り添うことができていますか?」と、従業員には日頃から伝えています。

もともと私はものづくりより、むしろ「〝ひと〟づくり」が好きで、誰かが何かに気がついて、学び、成長していく様子を見ることに、大きな喜びを感じるのです。

縁があって、たまたま製造業の会社で社長をやっていますが、従業員と一緒に働き、話し合い、成長していく姿を近くで観察できるのは、経営者という仕事の素晴らしいところでしょう。

「社長のおかげで、こんなのができました!」なんて笑っていってもらえたら、一番ハッピーですね。

教育の加速で、自分の価値を生み出せる〝ひと〟に

2023年度の島田工業における重点目標として「人財育成・人財教育の加速」を掲げました。これこそまさに、「人材」から「人財」へ変えていこうという狙いです。そのために、5つのポイントを挙げています。

1. リアルタイム戦力に沿った5S
2. 各種セミナー・展示会への積極的な参加推奨
3. 予習・実行・検証・復習（PDCAスパイラル）
4. 技術・知識の共有活動
5. 価値ある人になるための自習活動の推奨

1は98ページで書いたように、5Sに取り組む中でビフォー・アフターだけでなく、フューチャー、つまり未来の予測を加えて実行することです。

2は自己分析・外部分析を用いて、今、自分に何が必要で、今後どういった知識や考え方を培うべきかを自ら考え、学ぶこと。外部からの情報に積極的に触れ、吸収し、自身のキャリアップに努めてほしいと願っています。

3は新しいことに臨むとき、以下のような手順を繰り返しながら進めていくことです。PはPlanで、事前に計画と準備（予習）をすること。DはDoで、実際に行動して課題を抽出すること。CはCheckで、行動した結果から改善点を確認すること。AはActionで、それを元に計画や行動を改善して、練り直すこと。Aまでたどり着いたら、またPへとループしていきます。

4は技術や知識を周囲に共有することです。他の人に伝えることで、自分の知見やノウハウを棚卸しして、自己分析することができます。それを続けていれば、いつの間にか自身のキャリアアップにつながるのです。

5は自ら学ぶ姿勢そのもの。会社は学校ではないですから、待っているだけでは誰も教えてくれません。自分から学習する姿勢と行動力がなければ、自分の居場所もできないですし、成長もないでしょう。受動的ではなく能動的に自分の価値を生み出そうとすることが、目的達成型人財になる道だと思います。

会社を水槽に例えると、水は社内文化や風土です。その中を泳ぐ魚が従業員ならば、エサは学びの機会や挑戦のチャンスでしょう。魚がエサを食べなければ、水はどんどん濁っていってしまいますよね。自ら積極的に学ぶことこそ、魚が大きく成長しながら、会社の水質をきれいに保つことへとつながるのです。

実は日本では、誰もが受動的な学校教育を受けてきているので、自分でも気づかないうちに、学ぶ姿勢も受け身型になっています。そこから脱却するには、意識的に変えていかなければなりません。

もちろん、学校教育そのものも、もう少し能動的になっていくべきでしょう。教壇の前に生徒がずらりと並ぶのではなく、半円や扇型に座り、生徒たちが自由に発言できる環境をつくることができれば、日本の未来は少しずつ、良い方向に変わっていくのではないかと思います。

エサを与えて
魚を大きく
水をキレイに！
5S
展示会
パク
パク
セミナー
PDCA
パク
パク
自習
活動
パク

16

同じほうを向いた従業員によって、ブランドができ上がる

このところ、ずっとブランディングについて考えてきました。

ブランドってなんだろう？　人によっては、有名企業やアパレル、ジュエリーの高級ブランドを思い浮かべるかもしれません。でも、私は従業員こそブランドだと考えています。そこで、かっこいいロゴをつくることよりも、みんなで一緒に汗を流しながら、ブランドをつくることから始めたのです。

この本は、そのストーリーの集積かもしれません。

それぞれの人生を過ごした、さまざまな能力を持った〝ひと〟が集まってきて、彼ら、彼女らが主役になって、同じほうに向かってストーリーをつくっていく。その方向は「おもしろい」であり、「何でもチャレンジ」であり、自主学習である。

要するに、人間力を身につけながら、仕事をしてほしいのです。「本当の幸せを得るために」という経営理念は、ただの看板ではありません。実際に誰もが、本当の幸せを得られるような会社にしたいのです。

その枠組みがたまたま製造業だったので、島田工業はものづくりと〝ひと〟を軸として、あらゆることに挑戦する会社でいいし、従業員がそういう方向に引っ張っていってほしいと思っています。

最近、農業でも生産者の顔写真をパッケージに貼ったり、メッセージをつけて生活者に送ったりするケースが増えています。製造業も同じで、「私がこのボディーをつくりました」って写真付きでお客様に届けるのもいいですよね。何がいいたいかといえば、〝ひと〟が主役なんだということ。どんなものづくりも〝ひと〟から生まれるんだということです。だから、会社が第一に考え、実行すべきことは、人間教育なのです。

もし、ラーメン屋の店主が意地悪な人だったら、いくらおいしくても店に行く気はしません。できれば、感じの良い人がつくったラーメンを食べたい。まずいと話になりませんけど……。

製造業も胸を張って「こんな素晴らしい人間が、鉄板を曲げているんだよ」「エアコンを組み立てているんだよ」とアピールし、お客様に選んでほしい。

アンバサダーによる、楽しいインナーブランディング

新卒採用で使うパンフレットや資料は、今まで私や幹部がつくっていたのですが、今年度は1年目の新入社員に任せてみました。すると、何度も直しながら、かなり良いものに仕上げてくれたんです。そのときできたブランドコンセプトが「〝ひと〟から生まれるものづくり」でした。なぜ、これに決定したかは、ぜひ島田工業のホームページを検索して、見てみてください。

そのパンフレットのおかげかはわかりませんが、ある工業高校の生徒から「うちの学校に島田工業の求人がきていないので、出してもらいたい」と問い

合わせがあったのです。そこで、求人を出したら、その生徒がすぐに応募してくれて、内定しました。これは、非常にうれしかったですね。

島田工業は、採用するにあたって、学歴などを気にしません。

私自身も大した学歴はないし、学校で学んだことを社会でそのまま使うわけではありませんから。ただし、勉強嫌いでは困ります。社会に出てからのほうが、本気で勉強しないと人間力も身に付きません。

性別も関係ありません。そもそも男性か女性かに、優位性はないのです。

ただし一般論ですが、性別による得意不得意はあるのかもしれません。女性はコツコツときめ細かな仕事を得意とする方が多く、リーダー的な業務は男性のほうが上手な方が多い。もちろん、女性にもリーダー職を担ってほしいし、島田工業には何度か産休をとりながら、25年間働いている方もいますよ。

島田工業には、大使を意味する「アンバサダー」という制度があり、社内外での広報活動をしています。

メンバーの6人のうち、1人は現在、産休中。このアンバサダーチームは結成して間もないですが、社内向けのインナーブランディングも担っています。

SNSを使って、今、島田工業でこんなことをやっていますとか、こんな従業員がいますといったことを流すわけです。ツイッター(@shimadaind)では、日替わりでいろいろなネタを上げ続けているので、けっこう忙しそうですね。

毎月1回、ミーティングを開いていますが、最初はガチガチにお堅い印象でした。私が「そんなつまらないことやってないで、お菓子でも食べながら気楽にやればいいんだよ」といって、しばらく顔を出さないでいたら、最近はようやく柔軟になってきたようです。投稿に対する反応を見るのが、だんだん楽しくなってきたようで、メンバーたちのアンテナも高くなってきています。

こうしたデジタルメディアによるコミュニケーションも行っていますが、やはり人間同士の対面交流が重要で、もっと情報共有を盛んにするため「ヒューマン・トランスフォーメーション(HX)」という造語をつくりました。

人が主役
ヒューマン トランスフォーメーション
HX

17

次世代の若手へとつながっていく、ポジティブな循環とは？

会社を長く成長させ続けるためには、次の世代へとつなげていかなければなりません。そのために今、さまざまな仕組みづくりに取り組んでいますが、まだ駆け出しで、その流れをつくろうとしているのは私だけという段階です。

ワンマンライブをずっと続けているようなもので、できれば、同じステージに立つ共演者をもっと増やしたいと思っています。

〝ひと〟を育て、育てられた人材が、また次の〝ひと〟を育てる。その循環を生み出すのが仕組みであり、会社の文化や風土になってくるわけです。

最初はルールだったものが規範になり、やがてカルチャーへと変わっていく。そうなれば、新人は必然的にその循環の中で、島田工業らしさが身についていくということになります。

私もいつかはこの世から消えていくわけですから、その前にある程度の仕組みをつくり上げておくことが、経営者としての役割でしょう。

これまで述べてきた「5つの思考」「16の行動指針」「ヒューマン・トランスフォーメーション」も、その一環です。

ブランディングもまさに仕組みの重要な柱ですが、インナーブランディングとして今、仕かけているのが「ヒューマン・トランスフォーメーション」と「デジタル・トランスフォーメーション（DX）」のかけ算。

DXはご存じの通り、ITやAIなどのテクノロジーを活用して業務や情報共有を革新し、新しい価値を生み出していくことです。でも、それだけでは足りません。そこにHXがかけ合わさって、初めて組織や業務を変革できるのです。HXは私の造語ですから、知らなくて当たり前ですが、ロボットもITツールも動かすのは人間ですから、DX同様、〝ひと〟もステージを上がっていかなければなりません。

簡単にいえば、まずは人間同士の情報共有とコミュニケーションを活発にしましょうということです。

「リアルタイム戦略」で、意識的に先読みを

現代社会においては、横に座っている人とSNSやチャットツールでコミュニケーションをとることもあるようですが、私たちは対面で話すことを基本としています。例えば、営業が製造の現場に何かを相談したいときは、ちゃんと工場に出かけていって話すのが礼儀ですし、そうしたほうが理解のギャップが出にくいでしょう。

SNSやメールなどの文字情報だと、誤解が生まれやすいのです。その言葉を笑顔でいっているのか、ちょっと怒り気味なのかで、意味はまったく変わってくる。文字だけでは伝わらない、あるいは、本当の気持ちよりも激しく捉えられてしまい、無用に相手を怒らせたり、傷つけたりすることもあるでしょう。

最低でも、電話をする。電話でも伝わらないことがあるので、フェイス・トゥ・フェイスでリアルに話し合ってください、というのが、HXの第一歩です。デジタルと併行して、アナログ的な取り組みも大事にするわけです。

この1年間は、従業員に対してひたすら「ヒューマン・トランスフォーメーションができていないね」といい続けています。「コミュニケーションをうまくとれていないね」とほぼ同じ意味ですが、ヒューマン・トランスフォーメーションといったほうが、特別感があって頭に残りやすいんですよ。ときには、いきなり「ヒューマン・トランスフォーメーションってなんだっけ?」と聞くこともあるので、従業員もいい迷惑だと思っているかもしれません。でも、そのくらい、常に意識していてほしいのです。

もう1つ、最近よく口にしていることが「リアルタイム戦略」です。

リアルタイムはもちろん、即時とか同時という意味ですが、島田工業のリアルタイム戦略は、「常に自分たちの作業時間や購入価格などの現状を把握して、数値化し、そのデータをあらゆる角度から分析することで、今後を予測しながら実務を行うこと」です。

人間は、何かを予測したり、判断したりするときに、必ず過去と現在を比較し、参考にしているものです。自動車でどこかに出かけるときも、カーナビなんてない時代は、自身の経験からあと何時間くらいで目的地に着くかを予測しながら運転していました。

目玉焼きに醤油をかけるかソースをかけるかを決めるときも、かけたことがあるほうの味を思い出して、それが好きなら同じものをかけるでしょう。もう一方の味もわかれば、それを目玉焼きにかけたときを想像して、チャレンジするか判断します。目玉焼きごとき、そんなに考えてないよ、と思うかもしれませんが、頭の中では無意識に、そのような思考を巡らせているわけです。

私たちは資材を購入するときに、過去の価格変動や受注状況などを見比べながら、買いつけのタイミングを決断します。判断する案件の大小にかかわらず、人間の脳内では、そんな分析を行っているのです。

これを意識的にやろうというのが、リアルタイム戦略です。

要するに、常に頭の中にアンテナを張り巡らせ、キャッチした情報に沿って先を読んで行動するということ。

もう一段階進んで、リアルタイム戦略をシステム化できれば、もっと強くなる。システムを自動化すると、ＰＤＣＡのようなスパイラル構造になります。ヒューマン・トランスフォーメーション×デジタル・トランスフォーメーションで全社のシステムを自動化できれば、それで島田工業の持続可能な開発目標達成に一歩近づくわけです。

これを私たちは、〝Ｓ〟ＤＧｓ（シマダ・デベロップメント・ゴールズ）と呼んでいます。

18 〝豊かな暮らし〟を目指して、まだ見ぬものを生み出そう

豊かな暮らしとは、どういうものでしょうか。

ある程度のお金も必要ですが、お金があればいいというものでもありません。若くして高価な外車を乗り回している人を、街中でたまに見かけます。たしかに豊かそうですが、たぶん、彼らはものすごいストレスを抱えているんじゃないかと思ってしまうのです（余計なお世話でしょうが……）。

私にとって豊かな暮らしとは、多少つらいことがあっても仕事が忙しくて、でも、週末はちゃんと休める生活。オンとオフのスイッチを自分で切り替えられることが、大切だと思っています。月曜日から金曜日まで一生懸命働き、土日祝日は家族や恋人と一緒に過ごして、また月曜日から仕事モードで働く。

オンとオフ、それぞれの生活が充実していることが、メリハリのある豊かな暮らしだと感じます。

自身のやるべきことがあり、それを一緒にやってくれる仲間がいて、自分を理解してくれる家族がいる。空けた時間は趣味に費やし、そこでも仲間に出会う。そんな状態がきれいに回っているのが、豊かな暮らしではないでしょうか。

「会社にいるときは、全力で仕事をしなさい。仕事を一生懸命できなかったら、家に帰っても充実した個人の生活はできません。なぜなら、1日のうち3分の1は会社にいて、3分の1はプライベートで、残り3分の1は睡眠でしょう。まずは貴重な8時間を、思い切り働くことが豊かな暮らしをつくります」

これは、私がよく従業員にいっていることです。

ものづくりは、まだ世の中にないものをつくり出して、社会を豊かにすることが使命です。つくり手が豊かな暮らしをしていなければ、良いものを生み出すことはできません。嫌々働いている人が嫌々つくったものでは、人を幸せにはできないでしょう。だからこそ、働くことが幸せだと感じられるよう、島田工業は会社として〝ひと〟の成長を支援することを、大切にしているのです。

製造業はかつて「安いことが正義」でした。でも、安さは社会に豊かな暮らしをもたらしたでしょうか。安く商品を買えるのはうれしいかもしれませんが、それを30年間も繰り返して、給料は安くなり、かえって貧しくなったのが今の日本です。ですから、私たちは安く売りません。お客様も従業員も幸せになれるよう、良い製品を良いサービスで、それに見合った価格で販売します。

その結果、島田工業の従業員も適正な給料を得て、楽しく仕事ができる。新しいものに挑戦する心の余裕も生まれて、世の中にないものをつくり出していける。それが豊かな暮らしにつながるのです。

私は、ものをつくる〝ひと〟に未来を提供することが島田工業の使命であり、目指すべき姿だと思っています。難しくてもチャレンジし、相手の立場になって、より良いものは何かを突き詰めることができるのも、〝ひと〟なのです。

ひとに未来を!!
それが豊かな暮らしをつくる
バリバリ仕事
しっかり睡眠
オフを満喫

19 チャンスを与え〝ひと〟を育てれば、ものづくりは進化する

島田工業では、新しい仕事や難しい仕事、あるいは自社ブランドの製品をつくるとき、従業員にチャンスを与えるようにしています。最初は、誰も手を出そうとしませんでした。人間は、できない理由ならいくつでも思い浮かべられます。経験がない、技術がない、能力がない、自分がやったら会社に迷惑をかける、ものすごく時間がかかる、もっとふさわしいメンバーがいるはずだ……。

でも、私たちは「できない」をいわない。できないではなく、できる方法を考える。「どうすれば実現できるか」「必要なことは何か」を追求していくと、一見不可能でも、必ず突破口が見つかるのです。お客様と何度も対話して、社内のあらゆる人に相談し、試行錯誤を繰り返すと見えてくる。そのときの喜びは大きい。最初からあきらめてしまえば、絶対に味わえない感動です。

仕事のチャンスは、製造部門だけではありません。営業や間接部門の担当者でも、やりたいことがあれば、どんどん任せます。

例えば、販売促進のためにDMを発送したいという提案がありました。

「やればいいじゃない」

「でも、出すとなると、かなりコストがかかります」

「かかると言っても数十万円だろ？　やればいいよ」

「結果が出なかったらどうしましょう……」

そんな会話をしました。でも、その従業員の気持ちもわかります。数十万円は、決して安い金額ではありませんからね。

私は、「やってみなければわからないんだから、やりたければやればいいよ」とよくわからない理屈で後押しをして、さらに「何十万円かかっても、そこから1件受注が入れば、元は取れる」というと、ようやく覚悟を決めて、2000通のチラシをつくり、社内で封入作業をして投函しました。郵送料を含めて、それなりにコストはかかりましたが、3～4件の注文が入ったのです。

ちょうどそのとき、自社製品に伊勢崎市から補助金が出ることもわかりました。登録された製品を市内の企業が購入すると、その代金の90％を市が補助するというありがたい制度で、さっそくLEDライト付き天井設置型空気清浄機や、スーパーアルカリイオン水の生成装置と関連製品などを登録し、90％の補助金制度をアピールしたチラシをつくって、再びDMを送りました。

言い出しっぺの担当者はそれで満足していたので、私は「1カ月後にもう1回出そう」といって、結局3回ほどDMを配りました。かなり反響が大きくて、その効果は絶大。この成功で、担当者も自信を持つようになりました。

製造部門では、「こんな機械が欲しい」という要望も出ます。それに応えるのも、チャンスを与えることになります。数万円のものなら即OKですが、さすがに数千万～1億円を超える機械ともなると、簡単にゴーサインは出せません。ここで必要なのが、リアルタイム戦略です。

「10年間、大事に機械Aを使ってきましたが、そろそろ休ませてあげたいと思い、新しい機械Bを調べました。そしたらスピードが○%速く、こんな機能もついています。これを導入すれば、生産性は○%上がるでしょう。しかも、見積もりをとったら、金額もこの程度に抑えられることがわかりました。現在、機械Aの使用頻度は毎日○時間ですから、同じように使用したら、年間○円分も合理化できます。だから、買ってもらえますか?」

こんなプレゼンテーションをされたら、社長として断ることはできません。まだ、ここまで理想的な交渉をできる従業員は少ないですが、数字を使ってリアルタイム戦略を語れるようになると、ものづくりも進化していきます。

期待と不安の真ん中に身を置き、成長する

今期の人材育成戦略の中で、「リアルタイム戦略に沿った5S」という項目を掲げています。これまでのビフォー・アフターだけの世界に、フューチャーを加えて提案してほしいわけです。

例えば、溶接ロボットのプログラムを一部直すだけで、このぐらいの改善効果があって、1年後には納期を何十時間削減できるという提案があり、実際に予想通りか、それを上回る成果を出したら、本人に自信が付き、ものづくり力がランクアップする。リアルタイム戦略5Sには、まだまだ可能性があります。

「どんどんやりたいことを提案してほしい」と、いつもいっていますが、やはり新しいことをやるのは怖さがあるでしょう。「やってみればいいじゃない。別に失敗したって命を取られるわけじゃないんだから」と私が発破をかけるものの、誰しも失敗はしたくない。

ただ、その怖さが強すぎると、萎縮して伸びていかないわけです。

〝ひと〟は、期待と不安の真ん中くらいで、もっとも大きく成長します。プレッシャーに押しつぶされてもいけないし、期待だけが大きすぎてもいけません。経営者やリーダーは、そのバランスを見ながらチャンスを与えていく必要があるのです。

期待
不安
大きな成長

数多くの「共感」とともに、輝く未来を創造する

Chapter 4

20

誰でも挑戦できる環境づくり。100年「笑顔」継続企業へ……

数年前、会社のビジョンについて考えていたとき、ふと思いついた言葉が「100年『笑顔』継続企業」でした。

誰一人取り残すことなく、ともに笑顔で未来へ向かっていく企業になりたい。そんな想いからできた言葉です。

私と島田工業は、ともに1973年生まれ。この言葉は、創業100年をイメージしています。つまり、2073年。今から、ちょうど50年後ですね。

私が100歳になるとき、島田工業はどうなっているのだろうか。笑顔が絶えない会社として存続していてくれないといけないし、それを見ないと死ねないと、本気で思っています。

そうなっていたら、経営者として名誉なことです。

かっこいいことをいっていますが、これは、私のエゴでしかないかもしれません。結局、自分のためにやっているともいえます。でも、自らが徹底したエゴイストになることで周囲の人が幸せになるならば、それでいいじゃない。最近はそう開き直っています。

自己満足のためにも、もっと周りを幸せにしていく必要があるわけです。

この本のタイトルにもなっているように、島田工業は「〝ひと〟から生まれるものづくり」をコンセプトとしています。無機質なものを製作している中で、そこに〝ひと〟の魂が宿っていく。だから、私たちが魂を込めてつくった製品は壊れにくい。ものづくりの付加価値とは、〝ひと〟が与えるものだと考えています。それが、100年「笑顔」継続企業の土台です。

そのためにも、従業員が思い切り挑戦できる環境を提供し、そんな会社に所属していることを誇りに思ってもらう。それが、社長の仕事です。

従業員の挑戦したいという気持ちや声を大切にしているため、半年ごとに、各部署が求める予算の嘆願書を出せる仕組みを設けています。先日はある部署から「慰労会のために予算がほしい」という声が届いたので、ヒューマン・トランスフォーメーションの促進になると考え、希望通りに渡しました。

従業員全員が島田工業で働くことを好きになって、楽しく働いてもらいたい。そんな想いを込めて、毎朝、工場内を周り、一人ひとりの目を見て挨拶しているんです。だからこそ、目を見て「おはよう」と言う、たった数秒のコミュニケーションで、微妙な変化がわかるようになったのだと思います。

会社に「してもらう」という考えを捨てよう

自分で考えて行動する従業員が大半を占めるようになれば、放っておいても創業100年を迎えられるでしょう。

最近は頼もしい従業員も増えてきました。98ページでも紹介しましたが、「納品方法を変えたら、時間を短縮できるようになりました。年間で32時間の削減になります」という報告があり、私も大喜びで「32時間とはすごいじゃないか！1日8時間働くとすると、4日分だよ。4日間休みが増えたってことだね」と伝えたら、不思議そうな顔をしているのです。

「休みは会社からもらうものだと思っているでしょう。でも、違うんだよ。生産性を上げて業務時間を短縮できたら、それはみんなの成果であり、その分だけ休みにしたいといえばいいんだよ」

私がそう説明すると、彼はそれでもポカンとした顔をしていました。

でも、私は従業員全員にそのくらい、主体性と裁量権を持ってもらいたいと考えています。自分たちの努力で労働時間が短くなったら、別に働き方改革なんて大げさなことをいわなくても、残業しないで同じ給料をもらえるでしょう。そうすれば、プライベートの時間が増えるし、家族と団らんもできる。

会社から何か「してもらう」という考え方を捨ててほしいと、私は思っています。そうしないと、100年「笑顔」継続企業にならない。自分たちが主役であり、プレイヤーであり、ディレクターなんです。たまたま空いた時間に一休みしようなんてせこい考え方をしないで、休みたければ自分で時間を空ける。

そのためには、もちろん他人の何倍も考え、行動しないといけません。のんびり周りと同じことをやっていたら、多くの休みはとれません。

最近はちょっと仕事量が多いと、すぐにブラック企業だのパワハラだのといわれますが、若いときは多少ムリしてでも修業をするべきでしょう。

私はよく「限界突破してみなよ」といいますが、これもパワハラになるのかもしれません。でも100キロのバーベルを持ち上げられなかった人が、訓練して一度成功すると、あとは割と簡単に100キロ上げられるようになるんです。限界だと思っているレベルを超えてみると、次はそのラインまでラクにいける。ただし、ムリをしすぎるのはダメです。そこを判断しながら、徐々に負荷をかけていく。そうした日々の努力が、〝ひと〟を成長させるのです。

無理ない
範囲で
日々成長!!

21

AIやロボットではなく、〝ひと〟ならではの付加価値を提供

AIやロボットにはできないこと、と聞いて、何を想像しますか？

長年の経験によって培われた「職人技」だ、と思う人も多いかもしれません。

私は「技術者は必要だけど、職人はいらない」と考えています。

75ページでも書いたように、溶接を一直線に引けるようになるまで、10年かかるなんていう人もいますが、人間がやると、どんなにうまくても必ず波打つのです。ところがロボットなら、すぐ一直線に仕上げられますよ。「うーん、この仕上がりは、人間じゃできないな」と私がいうと、技術者もみんな「絶対ムリですね」と納得します。だから、私はロボット化や自動化をどんどん進めているわけです。

ロボットを賢く使いこなしながら、従業員には新しい発想で製品に付加価値

を与えていってほしいと願っています。

「社長！　実はずっと働いていて思っていたんですが、僕はこういうものをつくってみたいんです。仕事が終わったあと、自分なりに学んで、ようやくまとまった話ができるようになったので、提案させてください」

こんな風に夢を語られたら、私は非常にうれしいですし、興奮します。

「コストはどのくらいかかるんだ？」

「いや、そこまではまだちょっと出せていません」

「わかった。じゃあ一緒に考えてみようか」

事業として成り立つか、販売戦略を立てられるか、二人三脚で考えて、そこまで見えてくれば、新商品として開発する価値があるでしょう。

夢を語るといっても、何も考えずに「こんなのつくりたいんですけど……。ダメならいいです」という程度では話になりませんが、勉強して、それなりに枠組みやプランを考えてきてくれたら、私はいくらでも話に乗ります。

島田工業の採用ページには、「島田工業で働く自分のロードマップ」を載せています。入社2年目までは必死に勉強して、自分の能力を高める。そうすると3年目には、それまで学んできたことがつながり合って、徐々に新しいアイデアが浮かぶようになります。4年目には、社長に直談判して「アイデアをカタチにしたい！」と提案できるようになるでしょう。そのときも、それまでに培ってきたコミュニケーション能力やプレゼンテーションの力が活きてくるわけです。5年目になれば新商品を開発としていますが、これは宣伝用ではなく、本当にそうなってほしいと願ってつくりました。

以前、知り合いの社長が「新卒採用をしたけど、すぐに辞めちゃったよ」と嘆いていたので、「なんで辞めたんですか？」と聞いたことがあります。

「思っていたのと違う」といって、辞めていったそうです。

そのときは、特に何も指摘しませんでしたが、きっと採用活動の際に、会社をよく見せようと見栄を張ってしまったのではないでしょうか。

私はそれを自分への戒めとして、いつも等身大で会社を見てほしいと考え、募集するときもそのように説明しています。

お客様と技術者、双方に寄り添って伝え方を工夫する

同じく島田工業のホームページに、中途採用で入社5年目の従業員が発した言葉を載せています。これこそ〝ひと〟にしかできない付加価値だと思える内容です。少し長くなりますが、抜粋して紹介します。

「売上管理や資材管理など、多岐にわたる仕事を任せてもらっていますが、主な仕事は、技術者と顧客両者に寄り添いながら、パイプ役として橋渡しをすることです。受注から出荷、品質保証までの流れの中で、お客様の声を汲み取り、多部門の技術者と一緒にその要望を島田工業としてどのように解決できるかを考えます。（中略）

お客様の要望を、技術者に伝達する際の〝伝え方〟を特に工夫しています。私は島田工業に入社するまで多業種をしてきたので、多くの経験値を持っている自負があります。だからこそ、現状の島田工業が持つスキルとこれまでを照

らし合わせた時にどのようにお客様の要望を噛み砕いて技術者に伝えるべきかを常に試行錯誤しています。島田工業の仕事はあくまで〝人〟ありき。私の役目だけでは製品を製作することは決してできません。（中略）

技術者にお客様の要望を丸投げするのではなく、一緒にお客様の課題を解決していくことで、島田工業としてのベストな解決策を提案できているのではないかと考えています」

社内の要所に、こうした考え方をすることができる従業員がいるからこそ、島田工業が力を発揮することができる。

そして、お客様からの評価も得られるのです。

お客様と技術者の双方に寄り添う、つまり、相手の立場になって考えるということ。その上で、伝え方を工夫してくれていることは、まさに私が考えている〝ひと〟の付加価値であり、ヒューマン・トランスフォーメーションです。

また、こんなことも書いてくれています。

「（島田工業に入社前の）今までの仕事では、お客様に対しても社内の人に対しても相手の意見に合わせ、なるべく波風が立たないような仕事をしていました。そうすることによって、本来のベストな解決策を提案することができず、苦い経験をすることもありました。

島田工業では、良いことは良い、悪いことは悪い、というような自分の思っていることを正直に話し合える空気感があるので、結果としてお客様にとっても、島田工業にとってもベストな案を出せるのではないかと思います。

また、経営層との距離感が近く、判断に対するスピード感があることも魅力の一つです。経営層に対しても、意見を発言しやすい環境で、風通しの良さを感じます。

思っていることは言葉にし、考えたことは行動にできる環境に居られることに充実感を覚えられるので、ストレスなく働くことができています」

長い時間をかけてつくってきた文化や風土が、ようやく形になってきました。

YouTubeで
島田工業を発見
1年目
島田工業に入社
新入社員としてスタート！
大変だけど
頑張るぞ〜！！
先輩のおかげで
分かってきたぞ
ものづくりの
面白さにハマる
今日も一日
頑張った〜！
2年目
技術者になるため
必死に毎日勉強
Fight
任される仕事が
増えてきた
3年目
徐々にアイディアが
浮かぶようになる
社長に
エールをいただく
Nice!
ものづくりに
熱心に打ち込む
そろそろ一人前に
ならないと…！
4年目
島田社長に直談判！
アイディアをカタチにしたい！
開発業務に
携わるようになる
自分の
未来について
考える
いいアイディアが
思いついたぞ
先輩に質問攻め！
お客様の要望を叶える
極意を学ぶ
仕事も趣味も
楽しいなあ
5年目
先輩…
困ってるんです…
島田工業で
自社製品製作へ！
趣味にも
本気で打ち込む
あんな時は
こうするんだ
FUTURE
Let's go!
アイディア実現に奮闘！
島田工業ブランドが続々広まる
アイディアが
たくさん生まれてくる

22

「5つの思考」と「16の行動指針」で、すべての人に幸せを！

ここまでも、さまざまなエピソードに絡めて、「5つの思考」と「16の行動指針」についてちょこちょこ触れてきました。そのくらい、私たちの身近にある考え方です。本パートでは、その全体像を詳しく紹介していきます。

まずは「5つの思考」から。

1. 信頼できる人づくりの実行
2. 本当の優しさを身につける
3. 気前よく生き与えて貢献する
4. 本気で生きて本気で決める
5. 感謝の心を持ち続ける

1番目の「信頼できる人づくりの実行」とは、お客様から島田工業の従業員に任せれば大丈夫と思われる人間になりなさいということです。会社を代表してお客様と接しているという責任をしっかりと自覚し、明確に見定め、他人のせいになどは絶対してはいけません。

何事にも〝本気〟で向き合っていれば、必ず信頼を得られます。一人ひとりの自覚と責任が自己を高め、他社との関係を構築し、「本当の幸せ」をつかむことができるのです。

責任を持つためには、すべて「自分が源」であると常に意識しながら行動することが大事で、その結果、「信頼できる人づくり」につながっていきます。

2番目の「本当の優しさを身につける」とは、他者を甘やかすことではありません。相手を敬い、ときには厳しく意見をぶつけることで互いに成長し、承認し合える関係が生まれます。

入社10年を迎えた板金加工部門のリーダーは、島田工業のホームページ上で、こんなことを言っています。

「リーダーとして、上司・部下など関係なく、丁寧な言葉遣いを使用して分かり易く伝えることを心がけています。入社して5年ほどは、個人の技術を上げる事ばかり意識して仕事に熱中していましたが、リーダーになり、段取りがしっかり進むためには、気持ちよく作業する環境が非常に重要だと考えるようになりました。

そこで、まず取り組んだことが、思いやりをもって接すること。

またリーダーとして、メンバーそれぞれの得意なこと・苦手なことを理解して、メンバーのポジショニングを決める必要があるため、相手を知ることを会話の中で常に意識するようになりました」

彼がチームメンバーを理解した上で、思いやりを持って接していることがよくわかります。それが「本当の優しさ」です。

3番目の「気前よく生き与えて貢献する」は、自分の労力を惜しまず、お客様に「与えて」「与えて」「与える」こと。自分の持てる能力や時間を誰かのために使うことは、相手に感動を与えます。人に感動を与えられたことは自己の魅力となり、結果として自身の人間性を向上させるのです。仮に10与えて1しか返ってこなくても、その1が必ず大きな「ナンバーワン」や「オンリーワン」に変わります。

入社4年目で溶接の仕事をしている女性従業員は、周囲の「与える」姿勢に助けられているようです。

「実は、島田工業に入社するまで工業について全く勉強したことがなかったんです。しかし、今では楽しくものづくりのお仕事と向き合うことが出来ています。島田工業は、周囲を気にかけ、お互いを気遣う社員が多いことが一番の魅力だと感じます。異動してきた何もわからない私に、気さくに話しかけてくれたり、些細なことでも丁寧に教えてくれるこの環境が、本当に素敵だと感じます。また、小柄な女性社員でも大きな機械を使いまわしていて、かっこいいと思える女性社員の方々にとても憧れます。人の温かさに溢れた環境だからこそ、島田工業の社員はみんな、恐れずに挑戦してみようという気持ちになるのではないかと思います。

6月から新しい部署に来て、新しいメンバーの方々と関わっています。私は、わからないことばかりなので、メンバーに一つひとつ細かく質問するのですが、みんな嫌な顔ひとつせず、丁寧に優しく教えてくれます。外国人のメンバーとも身振り手振りでコミュニケーションをとることがすごく楽しいです。他部署の方々とも、毎日「おはよう」「おつかれさま」といった声が飛び交い、当たり前のことではあるのですが、そういった社員同士の関わり合いがすごく誇らしく感じます」

4番目の「本気で生きて本気で決める」とは、全力投球して「本気」で生きるからこそ「本当の幸せ」に近づくということ。もし悩みがあるならば、それは本気で生きている証拠です。人間は、悩みを解決するたびに成長します。誰でも悩むことはありますが、決して後ろ向きになったり、周囲のせいにしたりせず、「本気で生きて本気で決める」ことで解決するべきでしょう。

本気で決めなければ「目的」を持つことも、達成されることもありません。そして、手段は目的があってこそ生まれるものです。例えば、ロボットを自在に動かすプログラムをつくりたいという目的があるから、情報処理関係の資格をとるという手段を選択するわけで、この逆はあり得ません。

本気で決めた目的にたどりついてこそ、真の達成感を得られます。これは本気で生きていない人には、決して味わえないものです。本気で願えば、必ず目的を達成することができると私は思います。

5番目の「感謝の心を持ち続ける」は、私がもっとも大切にしている言葉であることを、すでにお話ししましたね。次の世代に残す言葉を1つだけ選ぶとしたら、迷わず「ありがとう」を選択します。「ありがとう」は、与えても、与えられても「最高の言葉」だといえるでしょう。

ただし、感謝の気持ちは言葉だけでは伝わりません。言動一致こそ、相手に本気の感謝を伝えられる方法です。感謝の気持ちはお客様の心をふるわせ、感動をもたらします。それを言葉で伝えるとともに、行動でも示すことが大切なのです。どんな行動で相手に感謝を伝えられるか、ぜひ考えてみてください。

共通する、「愛」と「感謝」の重要さ

次に、「16の行動指針」を紹介しましょう。

1．目的を明確化せよ
2．何事にも本気でぶつかれ
3．人ごとにするな！　現場に参画せよ
4．決めればできる！　冒険せよ

5. 何事もすべて自分次第
6. 人の悪口は口にするな
7. 顧客に誠心誠意、貢献せよ
8. 継続は力なり！　始めたらやり切って続けろ
9. 言動一致まず行動
10. 挨拶はコミュニケーションの原点！　最高の挨拶を徹底せよ
11. 最高の清掃を実行し顧客に感動を与えよ
12. 本気で褒めて、本気で叱り、本気で信じよ
13. 不安、恐れを小脇に抱えて前へ出よ！　失敗から学べ
14. みんなを愛し、愛される人間力を身につけよ
15. 健康はすべての礎と思え
16. 「ありがとう」を心から言える人間になれ

やはり「愛」と「感謝」の気持ちが一番大切であると、あらためて思います。

愛と感謝から生まれる
5つの思考
信頼できる人づくりの実行
本当の優しさを身につける
気前よく生き与えて貢献する
本気で生きて本気で決める
感謝の心を持ち続ける
16の行動指針
目的を明確化せよ
何事にも本気でぶつかれ
人ごとにするな！ 現場にて参画せよ
決めればできる！ 冒険せよ
何事もすべて自分次第
継続は力なり！ 始めたらやり切って続けろ
人の悪口は口にするな
言動一致まず行動
挨拶はコミュニケーションの原点！ 最高の挨拶を徹底せよ
最高の清掃を実行し顧客に感動を与えよ
本気で褒めて、本気で叱り、本気で信じよ
不安、恐れを小脇に抱えて前へ出よ！ 失敗から学べ
みんなを愛し、愛される人間力を身につけよ
健康は全ての礎と思え
「ありがとう」を心から言える人間になれ

23

仕事に学歴は関係ない。昇進の決め手は「人間性」だ

大学に進学することは手段であり、その先に目的があるべきです。しかし、現代ではそれ自体が目的化してしまっており、社会に出てからの目標や夢を見つけられないという若い層が増えているようですね。

私自身は大学に行かなかったし、若いときは世の中をなめている節があったので、当然、社会人になってしばらくは目的などなく、ふらふらと力を持てあましていました。

でも、「このままではまずい」と思うときが必ずやってきます。

私は特にやりたいこともないまま、たまたま父が会社を経営していたものですから、なんとなくそこで働くのだろうと思っていました。そうしたら、いきなり「花屋を手伝え」と言われて、まったく知りもしない花の世界に飛び込む

ことになったわけです。

花屋を閉じてから島田工業に入るのですが、社長の息子だからとバケモノ扱いで誰も話しかけてこないし、私も「大した会社じゃない」と考えていました。それでも、いつまでも会社で草むしりをやっているわけにはいきませんから、自分で力をつけて、周囲から認めてもらえるよう、がむしゃらに働いたのです。誰も頼ることができないから、自分でやるしかなかった。今思えば、それが私の転機だったのでしょうね。頑張るうちに仕事がだんだん楽しくなってきた。やはり、何事も本気で取り組むと、おもしろくなるんですよ。

パイロット、スポーツ選手、芸能人、最近だとYouTuberでしょうか。小さな頃に夢見ていた職業に就けることは、なかなかありません。仮に思っていた職業に就けたとしても、現実とのギャップに「こんなはずじゃなかった」と打ち砕かれることもあるでしょう。

私の知人で、子ども好きだったから保育士になったのはいいけど、相手にするのは子どもだけでなく、むしろ保護者とのコミュニケーションで疲れ果ててしまったという方もいました。

要するに、目的や夢があろうとなかろうと、今、目の前にあることがすべてなんです。それに気づいて、一生懸命生きれば、今までとは違う未来が見えてくる。そのきっかけになるのが、島田工業やものづくりという仕事だったらいいなと思います。

何かをつくりたいという明確な目的のもと就職するのが一番良いのでしょうが、現実はそうもいかないでしょう。学生時代にいくら勉強したからといって、明確なビジョンを描けるわけでもないし、逆に学生時代の勉強すべてが、社会で活きるわけではありません。

人生は、目的探しの旅です。その途中で島田工業に寄っていただき、ここでもっと成長したいと思ってもらえれば、会社にとっても大きな戦力になりますし、本人にとっても生きがいになるでしょう。

ものづくりの心を理解するには、時間がかかる

企業で働くために、学歴は必要ありません。

それよりも大切なものは、人間性です。

たまたまテレビで、インターハイ3位になったある高校バスケットボール部の話を見ました。その部には留学生が2人いて、その子たちが相手チームに狙われ、つぶされてしまったとき、他のメンバーは声をかけなかったというのです。きっと距離があったのでしょう。結局その試合には負けてしまったのですが、そこで女性コーチが放った言葉が印象的だったので、紹介します。

「勝てなかったのは実力じゃない。人間性だ。仲間に手を差し伸べる人間性がなかったから、結果がついてこなかった」

私の心に、強く響きました。

島田工業も同じです。働きやすい環境を整備しようと、さまざまな設備や最新の機械を導入していますが、結局使うのは人間。従業員に、仲間と協力しながら「本気でやりきる」という強い想いがなければ、良いものは生まれません。

そこが一番のポイントです。

ものづくりは、目の前にやることがあるので、とりあえずでも手は動かせます。でも、心を一緒に動かせるようになるには、少し時間がかかるし、気づきが必要です。

例えば、自動車をつくるにしても、大手メーカーがすべてをやっているわけではなく、多くの部品メーカーが関わっているし、タイヤやカーナビは、それぞれのメーカーから購入しなければなりません。組み立てに至るまで、何万点ものパーツと工程があり、そのすべてを理解しているのは、全体の設計者だけでしょう。

そのパーツが1つ足りないだけで、自動車は完成しない。あるいはパーツに不備があったら、まともに動かない。そのことを理解して、自動車全体を見渡すことができるようになるまでには、少し時間が必要でしょう。それがわかれば、パーツ1つを磨き上げる工程にも、やりがいや喜びが生まれてくるのです。

気づきを得ると、やる気スイッチが入る

細かなパーツでも全体の中で重要な役割を果たしていると、なるべく早くわかってもらうことが、製造業の経営者に課せられた一番重要な役割です。だからこそ、〝ひと〟づくりが会社の使命だと考えています。

〝ひと〟は、気づきを得た瞬間に大きく変わります。その様子を見ることが、私の楽しみなんです。島田工業のある従業員は、以前、業務の改善活動にあまり熱心ではありませんでした。いつも私の部屋に入ってくるとき、嫌そうな顔をしていたのですが、あるとき、ちょっとした業務の改善提案を持ってきたの

です。その提案は、製造工程のある一カ所で、道具の置き場所を変えると2秒ほど削減できるという内容でした。単純なことだからか、本人はちょっと恥ずかしそうに「大したことじゃないですけど……」という感じで持ってきました。

しかし、その2秒が、大したことなのです。

私がその提案を見て、即座に「いいじゃないか」というと、彼の顔がパッと明るくなりました。やる気スイッチが入ったのです。

1つの作業で2秒でも、1日40回繰り返すので80秒になる。それを月20日稼働したら、1600秒、約27分。1年で324分、5時間以上にもなるのです。2人で話しながら計算を進めていくうちに、彼の顔がどんどん明るくなっていきました。本人も、この2秒の偉大さに気づいたのでしょう。その気づきこそが、ものづくりにおいてはもっとも重要なのです。

毎日ルーティンで行っている仕事の中にムダを見つけることは、簡単ではありません。でも、ムダがあるということは、作業者自身がどこかでストレスを感じているはずです。彼もきっと、道具の置き場所にやりにくさを覚えていたのでしょう。それを客観的に見つめ直すと、気づきにつながるのです。

前に述べたリアルタイム戦略のやり方を少し教えてあげるだけで、やる気スイッチがオンになります。製造業は時間との勝負でもありますから、今10分かかっている工程を、来年も同じように10分かけていたら、給料は上がっていかないということです。

逆に、改善して30秒短縮したら、それが給料の価値になる、稼ぐということだと置き換えると、納得しやすいですね。島田工業が成長してきたのも、こうした改善の成果です。この話をすると、従業員の目も輝いてきます。

島田工業における昇進や昇格は実力だけではなく、人間性を見ます。他人を愛して、周囲に与えられる〝ひと〟がリーダーになる。野心と保身だけの上司なんか、最悪ですからね。

学歴
人間性
ナイスチャレンジ!!
その気づきを大事にいこぜ

現状を打ち破る自己否定で、やり続ければ成果が出る

24

頑張っているのに、利益が上がらないという中小企業経営者の声をよく聞きます。社長も従業員も、それなりに一生懸命仕事をしているんでしょうが、そのレベルが合格点まで達していないのでしょう。

想いが足りないのか、もしくは危機感が足りていないのです。そのせいで、不充分・不徹底になってしまう。

島田工業は幸い、現在は好調ですが、昔の経験もあるので、私は、明日仕事が全部なくなるんじゃないかという恐怖と、日々戦っています。

税理士などに「ちょっと調子に乗りすぎてない？　大丈夫かな？」と、いつも足元を確認するようにしています。

最近、マスコミに取り上げられたり、SNSで発信したり、変わったことをやっているからか、地元の人からは「儲かってしょうがないでしょ」なんて皮肉まじりに言われます。

「生きていくために、必死でやってますよ」と返します。

日本人は同質性を求めるせいか、ぬるま湯が好きですね。従業員も終身雇用に守られてのんびりしているし、経営者もある程度の余裕があると、積極的に動こうとしません。ぬるま湯に入ったままでは、風邪をひいてしまいます。たまには火を入れて熱くしないと、使い物にならなくなるでしょう。

「利益が出ないのは、従業員のせいだ」といっている経営者に聞いてみたい。最近、従業員の顔を見ていますか？　直接、話をしていますか？　と。

正直な話、私も毎朝１００人以上の顔を見に行くのは、大変ですよ。でも、見ないと不安になる。そもそも従業員と経営者の間には壁があるわけで、それは社長が自ら超えていかないと、壊しにいかないとダメなんです。

それもやらずに「うちの従業員は文句ばかりいう」なんて愚痴っているようでは、話になりません。従業員の文句は、すべて社長に責任があります。企業のトップなんですから。本気で売上拡大、利益拡大の施策をやっているのか、中途半端に力を抜いていないか、自己否定して自らチェックするべきです。

販売促進のためにＤＭを打った話を思い出してみてください。チラシなんか、1回打っただけで効果が出るわけがないでしょう。１００万円かけて10回打ち、ようやく10万円の売上が立った。２年目はもっと効率よく50万円投資したら、今度は30万円の受注があった。そんなものです。それほど簡単に注文なんかとれませんよ。

けれども、あきらめずにやり続ければ、１００万円の案件に行きつくかもしれない。そうすれば投資分は回収できる。何事も数字が出るまでには最低２年かかると思って、私は取り組んでいます。

こう見えて、意外と気が長いんです。

「思い付き」でも、まず一歩踏み出す

10年以上同じことを続けていると、自分の過去を否定するのが怖くなるものです。成功体験があると、それにとらわれてしまい、なおさら現状を変えられなくなってしまう。しかし、自己否定が嫌だという時点で、それ以上伸びる可能性を捨ててしまっているということです。

今は公表していないのですが、島田工業の社訓にも「まず現状を否定せよ」とあります。

ただ、現状否定して改善すると、恐ろしいことに気がついてしまうのです。一体、今まで何をやっていたのだろうと。打ちひしがれる自分に出会ってしまうわけです。「俺のスマホ、どこだっけ？」と聞いている本人の手に、スマホが握られているみたいな笑い話で、情けない限りですね。

経営者は大なり小なりプライドを持っているので、頭をガツンと叩かれるく

らいの衝撃的な出来事が起きないと、変わることができない。そのために必要なのは「不安」です。不安がなければ、人間は成長しません。

例えば、コロナ禍で不安を抱き、何かアクションを起こした企業は、すぐに成果は上がらないかもしれませんが、成功への道を走っているでしょう。特に飲食店は顕著で、従来は1日100人のお客様が来店していても、突然一桁になってしまったところもあります。不安どころじゃない。小さな店舗であれば補助をもらって閉めておいたほうがいいでしょうが、ある程度の規模がある店舗だと、そうはいきません。

それでも何もせず、コロナ禍の収束を待っているだけの経営者は、「なかなかコロナ禍前に戻らない……」とつぶやきます。それは滅びの道です。

だって、もう元には戻らないんですよ。

もし、売上が70％程度になってしまったなら、人件費なども含めて70％の売上で利益を出せるように構造から見直すか、新たな集客のために行動を起こす必要があります。

店舗を運営する従業員を減らして、その人たちを新規事業の立ち上げや別店舗の業務に回してもいい。これまでリーチしてこなかった新たなターゲットを設定して、そこに向けて集客戦略を打ち立ててもいい。

いずれにせよ、今までを否定して、新しい道を描き、進むべきです。

企業にも、まったく同じことがいえます。特に、コロナ禍で適用された補助金や緊急融資の返済が始まってしまえば、多くの中小企業に倒産の危機が訪れるでしょう。円安は進み、景気の悪化が予測される２０２３年度は、経営者にとって正念場です。今からでも遅くはないのですから、まずは改革に手をつけ、新しいことを始めましょう。現状を打破して、一歩踏み出すことが重要です。

何から始めるかは「思い付き」で構いません。むしろそれこそが、成功体験をそぎ落とした経営者に残された唯一の武器、「勘」です。

ともかく、アクションし続ければ、成果は出るはず。

従業員の顔を見なきゃ
やるべきことを残しているぞ
このままじゃダメだ
油断すると怠けるぞ
自分は弱い
明日は仕事がないぞ
その通りだ心得た！
自己否定こそ
成功への道

25

20年後の「ビジョンマップ」。共鳴の力で、さらなる成長を描く

ＳＤＧｓの円形バッジを見たときにピンときたのですが、これは島田工業の象徴だと思いました。真ん中が空洞になっていて、その周囲に持続可能な開発に向けた17の国際目標がカラフルに表現されています。私たちに当てはめると、真ん中にものづくりがあり、17色のスモールビジネスが展開する形です。

島田工業は板金と組み立てを主軸に、すべて何かしら生活に役立つものをつくっています。直接、生活者が使うものではなくても、半導体製造装置や医療機器など、どこかで生活に関係しているのです。

こうでなければいけない、というような足かせをはめず、自由に考えれば、

島田工業がエンターテインメントや介護福祉の分野に関わっていってもいいし、製造業にこだわる必要もまったくない。多彩なスモールビジネスを傘下に抱えるグループ企業になってもいいと考えました。

そこで、SDGsのSにシマダを持ってきて、島田工業の「持続可能な開発目標」を〝S〟DGs（シマダ・デベロップメント・ゴールズ）と名づけたわけです。脱炭素やサステナビリティ経営に独自の取り組みを進めることで、実際のSDGsにも重なっていけばいい。

また、それとは別に、パリ協定で生まれたSBT（サイエンス・ベースド・ターゲッツ）という、科学的根拠に基づく目標設定の認定も申請中です。

こうした背景から、20年後のビジョンマップをつくりました。これは島田工業のものづくりを中核とした、未来都市のようなものです。中心に開発本部があり、性別も世代も人種も垣根なく多様な人たちが集っています。

School Land
H.S
J.H.S
Senior
e
coffee shop
NEWS
shimadapod
shimadapod
shimada stadium

それぞれがお互いを尊重し合いながら、ものづくりに励んでいる世界です。開発本部の地下にあるラーニングスペースには有識者が集い、生活の安心・安全をテーマに討論しています。その他にもドローンの専属チームが研究をしていたり、地下海水養殖室では魚介を使ったスーパーフードの研究をしたり。

周りを囲む「共生の森」は島田工業の従業員が暮らすエリアで、水・空気・植物・動物がサステナブルに共存していけるよう、工夫されています。

ドローンに乗って、飛び回る世界を目指して

開発本部の周囲には、さまざまな施設やスペースが広がっており、完全密閉型のスタジアムも完備。ウイルス対策も万全です。スポーツやコンサートなどのイベントを開催しますが、例えば島田工業がサッカーチームのスポンサーになれば、専用のトレーニング機器を開発・製造したり、グッズの販売も行ったりすることもできるでしょう。

左側にある黄緑色の看板は、誰もが自由に集まって談笑できるカフェです。もしかしたら、中で使われているコーヒーメーカーは、私たちがつくっているかもしれません。サステナブルなコーヒー豆を輸入して、売ることもできます。

右上には、スーパーアルカリイオン水のｅ‐ＷＡＳＨを地域全体に供給するステーションもつくりました。水は生活のインフラですから、安定的に広く分け与えるとともに、生成機や噴霧器なども島田工業が提供できます。ｅ‐ＷＡＳＨはウイルスや雑菌対策にもなるし、消臭効果もありますから、家庭や飲食店で効果的に活用できるのです。

その右隣にあるのは、３Ｄプリンターを設置した３Ｄルーム。まだ世の中にないものづくりを話し合いながら、簡単な平面図を描くと、それをＡＩが３Ｄプリンターで、立体的な造形にしてくれます。頭の中にあるものを、すぐに形にできるという、すごい時代がやってくるわけです。

空中農園も考えています。島田工業の会長も水耕栽培に関心を持っており、食料をいかに自給するかが、今後、世界の重要課題になると確信しているんです。ｓｈｉｍａｄａブランドの野菜やフルーツがあって、地域の人々が安全な食料を手に入れられるといいですね。

植物の病害を防ぐために、ｅ‐ＷＡＳＨが力を発揮することはわかっているので、野菜工場はすぐにでも実現可能です。

学校も考えており、保育園・幼稚園から大学まで、シームレスに進学できる教育機関を想定しています。

そうした環境が整うことで、３世代にわたって島田工業の従業員として一緒に働いてくれる未来も、夢ではありません。

ここで学んだ卒業生が島田工業に入社してくれれば、私たちも採用活動を行う必要がなくなり、その分、教育に投資することができる。良い循環が生まれるでしょう。

少し前の島田工業にいる従業員であれば、「20年でこんなスタジアムなんか、できるわけないだろう」といったかもしれません。

でも、最近は「本当にやっちゃうかもね」という雰囲気になってきました。

20年ではムリでも、50年後にはできているかもしれない。まずはその絵を描かなければ、形にはなりませんからね。

小さい頃は大人からさんざん、「夢を持て」といわれますけど、大人になると夢の話なんかしなくなります。むしろ「夢ばかり見るな」なんて理不尽なことをいう人もいますね。それは、できるわけがないと思い込むからです。

しかし、夢をビジョンといい換えるとどうでしょう。短期であれ長期であれ、ビジョンは描かないことには、将来がありません。それは企業も個人も一緒です。私の20年後の夢は、ドローンに乗って世界を飛び回ること。70歳でそんなことができたら、ファンキーでかっこいいじゃないですか。

DRONE

おわりに

最後まで本書を読んでいただき、ありがとうございました。
従業員からすると「社長は何を勝手なことばかりいってんだ！」と怒られるかもしれませんが、ここに書いたことは、私が本気で考え、本気で実践していることばかりです。まだ力足らずで１００％は達成できていませんが、必ずそこに到達すると決意しております。

コロナ禍があったからなおのことかもしれませんが、私は、つくづく人と関わることはおもしろいと感じるのです。仲間がいて、一緒に酒を飲み、バカ話をして笑い合うこともあれば、真剣に語り合って意見を戦わせることもある。ときには、何か予想だにしないイベントが発生することもあるでしょう。これほど楽しいことが、他にあるでしょうか。

先日、ニュースを見ていたら、「忘年会に行きたくない」という人が40％以上もいるという調査を報道していて、大変驚きました。「できれば行きたくない」も含めると、なんと80％にものぼるそうです。

私たちも昨年末、3年ぶりに忘年会を開き、以前より参加者が2割くらい減りましたが、従業員たちはとても楽しんでいました。私も冒頭の挨拶で、「今日、こられなかった人が悔しがるくらい、思い切り楽しくやろう！」といいました。会社とできるだけ関わりたくないという人が増えているようですが、平日の3分の1を職場で過ごすのですから、楽しいほうがいいですよね。

私は〝ひと〟と関わることが人生の醍醐味だと思っています。誰かと一緒に力を合わせてものをつくることには、大きな意味があるはずです。

本気で〝ひと〟と関わり続けると、必ずいいものづくりができます。これは、いくらテクノロジーが進化したとしても、不変不動の大原則でしょう。だから、ものづくりを通じて〝ひと〟と関われることは、幸せだと思うわけです。

そこに共感して仲間になってくれるという方がいれば、これほどうれしいことはありません。お互いに「ありがとう」「いつもお世話様」と笑顔で交わせる関係が島田工業にはあり、それが続いていくことが一番重要で、社長である私の責任だと思っています。

私はプラモデルが好きなんですが、先日、ガンダムをつくって驚きました。最近は、関節がグニャグニャと自在に動くんですね。ずいぶん精巧になっている。ところが、ものすごく時間がかかる。関節だけで3時間もかかっちゃった。

正直、途中で飽きそうになりましたけど、関節ができ上がり、胴体、脚、腕と完成形が見えてくると、俄然おもしろくなるんです。でき上がっていく喜びは、まさにものづくりそのものですね。途中で心が折れそうになっても、そこでグッと我慢し、完成の達成感を味わうことが、ものづくりの本質です。

工場では毎日、みんなそんな想いを抱きながら働いています。見た目にはわかりませんが、一人ひとりの中に苦労と喜びがあるんです。

そんな姿にちょっとでも興味があれば、ぜひ工場を見にきてください。

企業というとハードルが高いように感じるかもしれませんが、私たちはSNSでもホームページでも連絡をもらえれば、いつでも大歓迎です。気楽にお越しいただければ、工場でも社長室でも全部お見せしますよ。働くことや就職の悩みを相談しにきても構いません。お金を貸す以外は、何でもOK（笑）。

ものづくりの現場を知らない方も多いでしょう。どんな風に設計して、実際に加工され、でき上がるのか、ぜひその目で見てください。

現在の島田工業があるのは、創業者である父と、仲間である従業員のおかげです。みんな頑張ってくれたから、ここまで成長してこられて、私も好きなように20年後のビジョンを語ることができるわけです。最後に、父と従業員、家族に感謝しつつ、筆を置きます。ここまで読み通してくれた方々にも、私の大好きな言葉を捧げます。

ありがとうございました。

２０２３年5月吉日

島田 渉

会社概要

島田工業株式会社

本社住所……群馬県伊勢崎市長沼町2202
電話番号……0270－32－3516
代表者………島田渉
創業…………1973年8月
資本…………1000万円
売上高………22億5500万円（2021年度）
従業員数……143名（2022年12月）
主な取引先…PHC株式会社／ユアサネオテック株式会社／東京大学／京都大学／ダイナエアー株式会社／梅田工業株式会社／株式会社Eプラン／4D-Stretch 株式会社／株式会社鈴木商館／三恵技研工業株式会社／パナソニックAP・冷設機器株式会社／ニッタ株式会社／株式会社江口／株式会社丸山製作所／住友重機械工業株式会社／株式会社クボタ／アルバック・クライオ株式会社 他（敬称略）

■事業内容

●空調機器関連製品の設計・部品加工・製品組立

空調機器をはじめとする筐体の設計・製造から内部機構にあたる電気配線・配管組み立ての内製化を実現。さらに漏れを調べるリーク検査や通電検査なども内製化することで不良発生の低下、サイクルタイムの短縮を実現。

●精密プレス板金部品の設計・製造

3次元CDを駆使した設計の元、材質・板厚・形状・寸法を要求仕様にしたがって提供。ファイバーレーザー複合機を他社に先駆けて導入し、より高速に、より高精度な精密板金加工を実現した。無人オートメーション化でコスト対応力も向上。

●自社企画商品の開発・製造　開発支援業務

自社ブランド製品を企画、開発、製造し、子会社のSMTを通じて販売する。代表的製品はLEDライト付き天井設置型空気清浄機「L&Air」、新型コロナウイルスにも有効なスーパーアルカリイオン水「e-WASH」の生成装置、ゴルフボールを立ったまま拾える「ナイスキャッチャー」など

■沿革

１９７３年…創業。伊勢崎市日乃出町の関東工業株式会社内に島田工業所を開設
１９７６年…伊勢崎長沼町に工場を建設。
　空調機の組立梱包・ＦＲＰボディー製作架装・搬送機の生産
１９７９年…新工場（本社工場）設立
１９８０年…法人組織に改め、島田工業株式会社として長沼町に設立。
　空調機器関連製品の設計・部品加工・製品組立、精密プレス板金部品の設計・製造、自社企画商品の開発・製造 開発支援業務、その他
１９８４年…空調機組立工場新設
１９８８年…第一工場を新設。プレス板金加工を開始
１９９６年…本社に技術開発部新設、自社商品開発を開始
１９９７年…伊勢崎市下蓮町に空調機器製造工場ＳＬＡ事業所を新設
２０００年…ＩＳＯ９００１認証取得
２００６年…ゴルフボールをスムーズに回収する「ナイスキャッチャー」を開発・販売。

２００７年…ＬＥＤ蛍光灯を開発・販売
２００７年…代表取締役の島田利春が代表取締役会長に就任。
代表取締役社長に飯野利夫が就任
２０１１年…代表取締役社長に島田渉が就任、クライオポンプ（ＣＣＴ）生産開始
２０１３年…ＩＳＯ１４００１認証取得
２０１７年…ＩＳＯ９００１、ＩＳＯ１４００１をＩＳＯ９００１：２０１５、
ＩＳＯ１４００１：２０１５総合マネジメントシステムと更新
２０１８年…代表取締役会長の島田利春が退任し、子会社のＳＭＴ株式会社代表
取締役に就任、デジタルマーケティング開始
２０２０年…Ｌ＆Ａｉｒ販売開始
２０２１年…ブランディング開始
２０２２年…20年ビジョンマップ作成

地域と業界に共感を生み、大きなムーブメントが起こる！

“ひと”から生まれるものづくり

2023年5月31日　第1刷発行

著　者　島田工業株式会社
代表取締役社長 島田 渉
発行者　鈴木勝彦
発行所　株式会社プレジデント社
〒102-8641
東京都千代田区平河町2-16-1　平河町森タワー13階
https://www.president.co.jp/　https://presidentstore.jp/
電話　編集 03-3237-3733
販売 03-3237-3731
販　売　桂木栄一、高橋 徹、川井田美景、森田 巌、末吉秀樹
構　成　吉村克己
装　丁　鈴木美里
組　版　キトミズデザイン合同会社
イラスト　菅沼遼平
校　正　株式会社ヴェリタ
制　作　関 結香
編　集　金久保 徹、川又 航

印刷・製本　大日本印刷株式会社

ISBN978-4-8334-5229-8
Printed in Japan
落丁・乱丁本はお取り替えいたします。